物理学の野望

「万物の理論」を探し求めて

冨島佑允

光文社新書

プロローグ

物理学が目指すもの

アリストテレス、ガリレオ、ニュートン、アインシュタイン……。誰しも名前くらいは聞いたことがあるかと思いますが、具体的にどんなことをやった人で、何がすごいのかについては、いざ聞かれるとなかなか出てこないものです。こういった、学問の世界でトップクラスに有名な人たちは、多くが「物理学」の発展に貢献していて、だからこそ世界的な名声を得ています。

物理学は、自然界の法則を調べる学問です。例えば、重い鉄球と軽い鉄球を高いところから同時に落としたら、どちらが先に地面に到達するでしょうか。直感的には重い鉄球の方が先に到達しそうですが、確かめてみると、両方同時に到達することが分かります。自然界の法則は、人間の直感通りとは限りません。きちんと調べて、そのルールを解き明かしていく。それが物理学という学問です。

ニュートンやアインシュタインの名前を一躍有名にしたこの物理学、実はどんなものかについては、あまり知られていません。高校時代には物理学を習いますが、授業内容がイマイチ分からず、苦い挫折経験を味わったという人も少なくないのではないかと思います。

実際、高校物理の教科書には、導線の近くで磁石を動かすと電流が流れますだの、空に向かってボールを投げると放物線を描きますだの、「いきなりそんなこと言われても……何がすごいの?」と言いたくなるような内容が淡々と連なっているだけです。こうした「点」としての事実は、物理学の歴史(物理学史)をたどると一本の線としてつながり、ニュートンやアインシュタインが本当は何をしたかったのか、その途方もない野望が見えてきますが、多くの場合、高校ではそこまで教えてくれないのです。

物理学が目指しているのは「万物の理論」を生み出すことです。「万物の理論」とは、全ての自然現象を説明できる究極の理論のことです。物理学においては、理論は全て数式で表現されますから、物理学が目指しているのは、世界の全てを説明する究極の数式を見つけることだとも言えます。ニュートンやアインシュタインの野望とは、まさにこれです。物理学史は、この世の全てを数式で説明してやろうという野望を持つ猛者たちが集い、苦労し、とんでもない間違いを犯し、それでも少しずつ前進していく過程です。

私も以前はCERN（欧州原子核研究機構）にて素粒子物理学の数理解析を専門とし、「万物の理論」に挑戦していたので、その困難さは痛いほど分かります。

立ちはだかる「魔王」

本書は、古代ギリシャから現代に至るまでの物理学の歴史（＝物理学史）をたどっていく物語です。歴史の本と言えば、「〇〇〇年に×××が△△△をした」みたいな記述が並んでいると想像するかもしれませんが、本書では、そのような羅列《られつ》的な書き方はしていません。それだと単なる年代記になって、物理学の本質がつかめないからです。

記録に残っている限りでは、最初に万物の理論を作ろうとしたのはアリストテレスです。しかし、彼が生み出し、その後2000年間にわたって信じられてきた理論体系は、真の意味での万物の理論からは程遠いものでした。それから多くの天才的な頭脳がその後も果敢にチャレンジしていきましたが、今でも人類が手にしているのは、この世界の一部分を説明できる理論のみです。そういった理論がいくつかあって、それらを組み合わせて使っています。つまり、物理学の世界を日本全体とするならば、今は群雄割拠《ぐんゆうかっきょ》の戦国時代で、この現象はこの理論の支配下、あの現象はあの理論の支配下というふうに、それぞれの現象が別々の理論で説明されているのです。

「複数の理論を組み合わせて現象を説明できるなら、それはそれでいいじゃない。万物の理論なんて不要じゃないの?」と思う方もいらっしゃるかもしれません。例えば、私たちが普段使っている家電製品に流れる電気は、電磁気学という理論で説明されます。太陽や地球、銀河系といった宇宙規模の現象は、アインシュタインが確立した相対性理論によって説明されます。それぞれの理論できちんと説明できるなら、それはそれでいいような気もします。

しかし、これらの理論の守備範囲は厳密に決まっています。各理論の守備範囲を足し合わせると、自然界のほとんどの現象を説明できてしまうのですが、それでも全てはカバーしきれません。どの理論によっても説明できない自然現象が出てきてしまうのです。その自然現象とは、「ブラックホール」と「宇宙の始まり」です。

ブラックホールは、とてつもなく強力な重力で全てを飲み込む暗黒の天体ですが、そんなトンデモない天体が実在することが現在では確認されています。しかし、ブラックホールに吸い込まれた物体がどうなるかは、現在の人類が知っているどの理論を使ってもうまく説明できません。

また、現代科学の解釈では、誰か（神様など）が宇宙を創ったとは想定しないので、宇宙の誕生も立派な「自然現象」になります。そこで、宇宙がどうやって始まったかを計算により導き出そうとする試みがなされていますが、未だ十分な理解には至っていません。

「ブラックホール」と「宇宙の始まり」を説明する理論をそれぞれ作って、今までの理論に追加すればいいじゃないかと思うかもしれません。しかし、そのような方法ではうまくいかないことが分かっています。理由は非常に専門的なのですが、ざっくり言えば、現代物理学が自然界を解明するために用いてきた戦略が通用しないのです。レベル30の勇者がレベル99の魔王を倒せないのと同じく、今の物理学者たちの実力では、まだ太刀打ちできないということです。

つまり、宇宙の始まりやブラックホールなどの極限状況を説明するためには、全てを包含する「万物の理論」が必要なのです。そういった、究極レベルの自然現象まで説明できて初めて、物理学は完成するのです。レベル99の勇者がどんなレベルの魔物でも倒せるように、

「万物の理論」の守備範囲は自然界全体、つまり全ての自然現象になるはずです。仮に、自然現象を（良い意味での）「手ごわい強敵」、自然現象を説明できることを「敵を倒して支配下に置く」と表現するなら、「ブラックホール」や「宇宙の始まり」は究極の自然現象であり、ラスボスの魔王と言えるでしょう。

様々な理論による分割統治の時代から、万物の理論による統一王国へと進んだ暁には、人類は世界の全てを理解し、宇宙の始まりですら数式で説明できるようになるはずです。人類の歴史そのものに明確なゴールはありませんが、物理学史には万物の理論という明確なゴールがあるのです。分割統治の現状では国力が足りなくて、魔王を倒すには至っていません。強大な国力を持つ統一王国を建設し、魔王ですら支配下に置くことが物理学の最終目標なのです。

「レベル上げ」の仕方

第1章からさっそく物理学史をたどる旅に出発しましょう。けれど、その前に準備として、科学を特徴づける「実証」と「還元主義」という考え方についておさらいしておきます。科学は、最初から今のような洗練された形で存在していたのではなく、先人の試行錯誤によって徐々に磨かれていったものです。この現在の洗練された姿を少し知っておけば、物理学史をたどる上で見通しが良くなります。

科学が生まれる以前の時代においても、人々の知的好奇心は今と変わらず旺盛で、世の中について色々と知りたがっていたことでしょう。古来、その要求に答えてきたのは神話の物語です。まだ科学が生まれていなかった時代には、自然現象は神々の御業《みわざ》だと思われていました。例えばギリシャ神話では、雷は最高神ゼウスの武器だとされています。また日本でも、タケミカヅチなどの雷神が祭《まつ》られていました。そもそも、日本語の「かみなり」の語源は「神鳴り」と言われていて、神様が鳴らしていると思われていたのです。

神話による説明は非常に分かりやすく、同じ神話を共有している人たちの間では説得力もあります。自然現象が気まぐれで予測できないのは、神々が人間と同じように気分屋だから――。そう考えれば、厳しい自然に翻弄《ほんろう》される状況にも納得がいきます。けれども、実際に神々を見たものは誰もいません。仮に、神を「見た」と主張する人がいても、他の人が同じように神を見ることができるわけではありません。つまり、客観的な証拠はないわけです。

一方で、現代科学は、神話とは全く違う説明の方法を取ります。「雷雲から雷が発生する」

という現象を科学的に説明するとしましょう。研究者は、まず「雲の中にある小さな氷の粒がぶつかり合うことで静電気が生じ、それが地上に向かって雷として落ちてくる」という仮説を立てます。そして次に、研究者は観測気球でデータを集めて仮説の正しさを検証しようとするのです。

ここで、現代科学は雷雲を「氷の粒」というパーツに分解して説明していますが、このように、全体をパーツにわけて説明する考え方を「還元主義」といいます。また、仮説を鵜呑《うの》みにするのではなく、データを集めて仮説の検証もしていますが、客観的なデータに基づく「実証（＝実験や観測などで理論の正しさを証明すること）」も科学では重要視されます。

〈科学の考え方〉

還元主義：パーツに分解して説明する
実　　証：データを集めて説明の正しさを立証する

ＲＰＧゲームではモンスターを倒して経験値をかせぐことで、レベル上げをしていきますが、科学ではこの「還元主義」と「実証」を繰り返すことでレベル上げをしていくのです。

こうやってまとめると、当たり前のことのように思えるかもしれません。しかし、これを当たり前と思えるのは、私たちが科学全盛の現代に生きているからです。人類はこの当たり前にたどり着くまでに、とてつもなく長い時間をかけてきたのです。

本書では、この人類が「当たり前」に到達し、飛躍していく過程をたどっていきます。専門用語や難しい数式は極力使いません。やむを得ず専門用語が出てくる場合も、丁寧な解説を付していきます。

人生１００年時代、社会人になっても定年を迎えても学びを続けていくのが当たり前な世の中になってきました。そんな時代にあっても、物理学を教養として身につけている人は、まだ珍しいのではないかと思います。本書を通じて〝一味違う教養〟を身につけてみるのはいかがでしょうか。ぜひ一緒に、レベル99への道のりをたどっていきましょう！

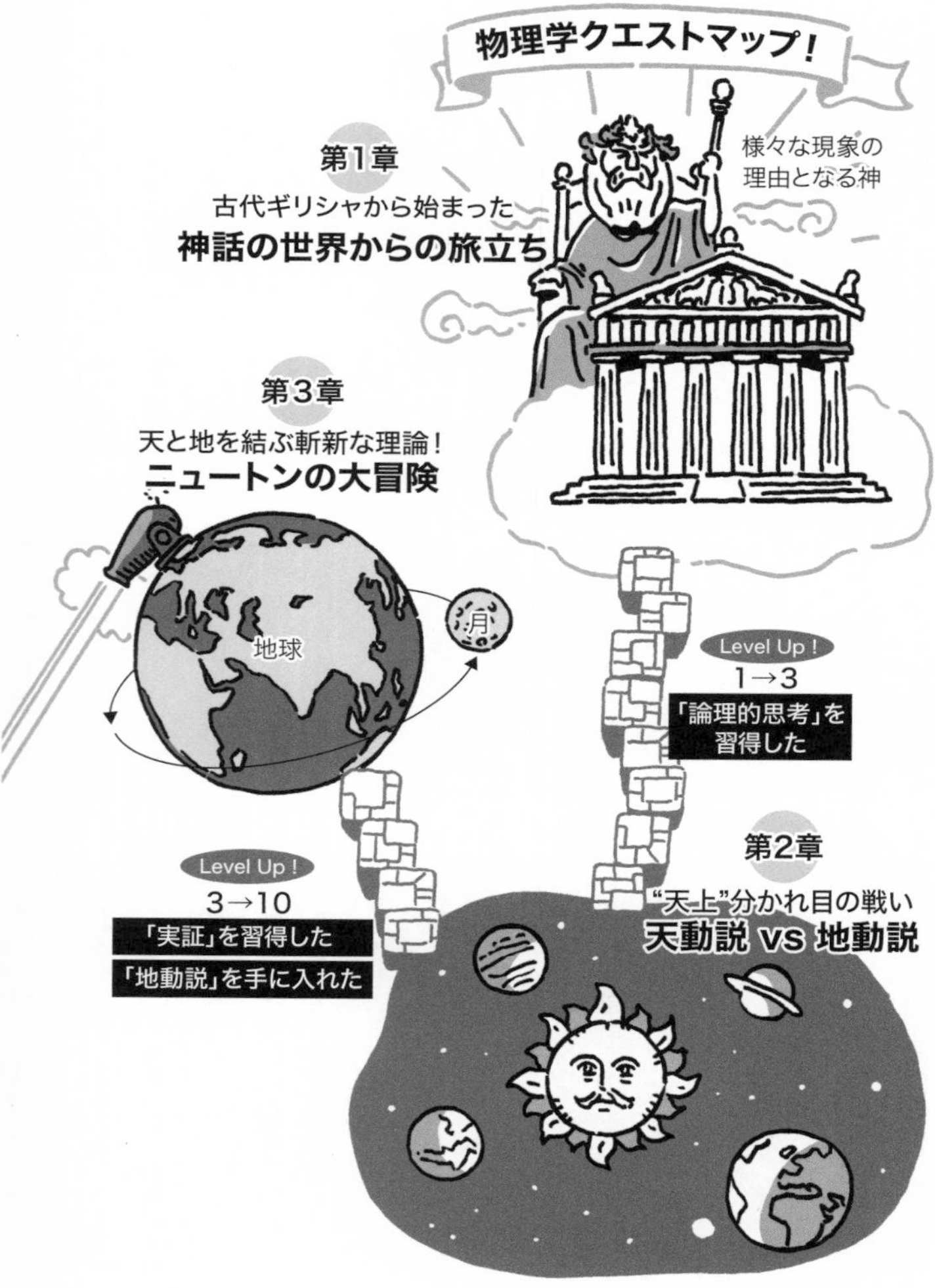

物理学クエストマップ！
第1章
古代ギリシャから始まった
神話の世界からの旅立ち
様々な現象の
理由となる神
第3章
天と地を結ぶ斬新な理論！
ニュートンの大冒険
地球
月
Level Up！
1→3
「論理的思考」を
習得した
第2章
"天上"分かれ目の戦い
天動説 VS 地動説
Level Up！
3→10
「実証」を習得した
「地動説」を手に入れた

すべての現象を説明する
「万物の理論」
Level Up !
35→50
「量子力学」を手に入れた
「相対性理論」を手に入れた
秒速10万kmのドラゴン
第5章
常識がくつがえる!?
量子力学と相対性理論の世界
動きが予測不可能な
素粒子たち
Level Up !
10→30
「ニュートン力学」を
手に入れた
「万有引力」を
手に入れた
Level Up !
30→35
「3つのお宝」を手に入れた
宝①：光の速度
宝②：光の正体
宝③：物質の正体
熱
電気・
磁気
光
第4章
身近な強敵に挑む！
3つの摩訶不思議ダンジョン

物理学の野望

「万物の理論」を探し求めて

目次

第2章 〝天上〟分け目の戦い勃発! 天動説vs地動説

第3章 天と地を統一したニュートンの大冒険！

第4章

身近にいた3つの強敵！
不思議ダンジョンを攻略せよ

第5章

常識や直感は通用しない！ 量子力学と相対性理論の世界

著者エージェント：アップルシード・エージェンシー
本文図版制作：デザイン・プレイス・デマンド
物理学クエストマップ制作：まるはま

第１章

身一つで「万物の理論」に挑んだ古代ギリシャの“勇者”たち

レベル：１
ステージ：はじまりの町
とくぎ：なし
そうび：なし

ヒマ人の妄想が科学の出発点

どんな国や地域にも神話の物語があります。「プロローグ」で触れたように、かつてはそれが科学の代わりとなって、自然現象や世界の始まりを説明してくれました。人類の思考は、長らく神話の神々の支配下にあったのです。

西欧文明繁栄の出発点と言われる古代ギリシャでも、状況は変わりませんでした。農民は豊穣《ほうじょう》の神デメテルに、軍人は軍神アレスに、病人は医療の神アポロンに祈りを捧げる毎日です。自然現象も、一部は神話の物語によって説明が与えられていました。しかし、身の回りで起きる現象や世界の仕組みについて、神話による説明では満足しない人たちが現れます。「火、水、土、風……身の回りにあるものはめまぐるしく変化している。どういう仕組みになっているのだろう?」などと、神話にたよらず自分の頭で考える人たち、今でいう「哲学者」が登場したのです。

なぜ、古代ギリシャにおいて、こういったことを考える人たちが現れたのでしょうか。一言でいえば、ヒマで議論好きだったからです。当時のギリシャ社会では、端的に言うと住民は「市民」と「奴隷」という2つの階級に分かれていました（他には在留外国人や辺境住民なども住んでいました）。そして、労働は市民以外の階級の役割でした。市民は兵役の義務を負っていて、戦争のときは命がけで戦わなければなりません。ただ、労働は他の階級がやってくれるので、戦争のとき以外はヒマだったのです。

また、古代ギリシャ社会は、世界で初めて民主制が敷かれたことでも知られています。古代ギリシャの民主主義は「直接民主制」と言って、法律や法案などは市民が直接行う投票によって決められていました。つまり、市民には、政治を自分たちで作っていく責任があったのです。市民は責任を果たすため、広場（アゴラ）に集まって政治論議に熱中しました。かくして、自由で真剣な議論を交わすことが市民の文化として根づいていったのです。

この「あり余る時間」と「自由に議論する文化」が相乗効果を発揮し、いつしか議論は政治を超えて道徳、芸術、世界の成り立ちなど様々なテーマへと広がっていきました。現代の私たちが「哲学」と呼んでいる学問は、このときの議論から生まれてきたのです。

初期の哲学者たちは「この世界が何からできているのか」という問いを追求しました。彼らの思想は、現代の私たちから見ればほとんど妄想の域を出ないレベルなのですが、神話を捨てて自然について自分の頭で考え始めたことは後の科学へとつながっていきます。

イメージとしては、仕事を奴隷に全部任せている裕福な家庭のドラ息子が、「ヒマだから、ちょっくら魔王倒しに行ってくる」と言ってふらふらと家を出ていった感じでしょうか。まさか、これが数千年に及ぶ魔王軍との死闘の幕開けになろうとは……。

いきなり魔王に挑んだ人たち

「身の回りのものが何からできているのか」という問いは、古くから哲学者を惹きつけてきました。最も古い記録としては、イオニア地方の港町ミレトスに生まれたタレス（紀元前624頃 - 546頃）が知られています。彼は「万物の根源は水である」と唱えました。彼がそういった考えにたどり着いた経緯は分かっていません。というのも、タレスが直接書いた文献は残っておらず、後世の哲学史家ディオゲネス・ラエルティオスの著書『ギリシア哲学者列伝』や、アリストテレスの著書『形而上学』のタレスについて触れた内容から思想を垣間見るしかないからです。しかし、水を万物の源とする考え方には、一定の説得力があります。水は、温めれば蒸発して気体（水蒸気）になり、冷やせば個体（氷）になります。そのような事実から、気体にも液体にも個体にも変幻自在な水が万物の源であると考えたのでしよう。

万物が水からできているという結論自体は正しくないですが、「万物が共通の材料から作られている」という発想は現代物理学に通じるものがあります。現代では、全ての物質は原子からできていて、原子もさらに小さな構成要素から成ることが知られています。このような「根源物質（アルケー）」の考え方を導入したことは、タレスの大きな業績です。

タレスはまた、磁石についても考察しています。この時代のギリシャではすでに、磁石が鉄を引きつけることが知られていました。とは言っても、人工的に磁石を作れるようになったのは20世紀以降なので、当時の人々が知っていたのは、磁鉄鉱と呼ばれる磁力を持つ天然の岩石です。この岩石ははじめ、ギリシャのマグネシア地方で発見されたと言われており、磁石を意味する「マグネット」という言葉は、地名のマグネシアが由来になったとされています。一説によると、マグネシア地方に住む羊飼いの鉄の杖がこの岩石に引きつけられたことから、磁力が発見されたそうです。

タレスは、物質には霊魂（プシュケー）が宿っており、磁石が物体を引きつける不思議な力は霊魂が存在する証拠だと考えました。「霊魂が宿る」という結論の部分はさておいて、こちらについても着眼点は秀逸だったと言えます。磁力のような、接触なしで作用する力を物理学では「遠隔力」と呼ぶのですが、後世において遠隔力を説明しようとする努力が物理学の発展を促し、ニュートンによる万有引力の発見につながっていきます（詳しくは第3章）。

タレス以降も、根源物質の正体は何かということを哲学者たちは考え続けます。タレスと同じ地に生まれたアナクシメネス（紀元前586‐526）は、万物が変わることのない根源物質からできているのなら、なぜ自然は移り変わるのかという問いに挑戦しました。彼は「万物の根源は空気である」（つまり空気こそが根源物質である）と唱え、万物が移り変わるのは、空気が薄くなったり濃くなったりするためだと考えました。アナクシメネスによると、空気は薄くなると火になり、濃くなると風になり、さらに濃くなると雲になるというような感じで、次のように変化していきます。

（薄い）　火↕空気↕風↕雲↕水↕土や石……　（濃い）

こうやって、アナクシメネスは空気の濃淡によって万物が生じていると考えました。

一方でエペソスのヘラクレイトス（紀元前540頃‐480頃）は、「万物の根源は火である」と唱えました。ヘラクレイトスと言えば「万物は流転する」という言葉で知られていますが、自然界は絶えず変化するものだという思想を持っていたので、メラメラと形を変えながら燃える火を万物の根源と考えたのでしょう。

最初の武器は「論理」

このように、日常の経験を基に根源物質を見出そうとする試みが、多くの哲学者たちによって何度もなされてきましたが、エレアのパルメニデス（紀元前515頃‐没年不明）によって、この流れは変わっていきます。彼は詩という形で自分の考えを説いており、現在では断片のみが残っている『自然について』という詩から、その思想を垣間見ることができます。

パルメニデスは、日常的な感覚よりも理性（ロゴス）を重視し、人は感覚に欺《あざむ》かれると考えました。私たちは時間や空間、物体の運動を日常的に経験していますが、そういったものは、全てまやかしにすぎないと主張します。例えば、運動を否定する考えとして、パルメニデスの弟子ゼノン（紀元前495頃‐430頃）が提唱した『アキレスと亀』というパラドックスが有名です。ご存じの方も多いと思いますが、次のような話です（走る速さや距離は、分かりやすいように現代の単位にしています）。

〈足の速いアキレスと足の遅い亀が、ハンデをつけて競走することになりました。アキレスは亀より100m後ろからスタートします。アキレスが亀より10倍速いとすれば、アキレスが亀のスタート地点である100mのところに到着した時、亀はそこから10m進み、110m地点にいます。アキレスがさらに10m走って110m地点に着いた時、亀は1m進んで111m地点にいます。これが繰り返されるので、どこまで行っても亀はアキレスより少し先にいることになります。従って、アキレスは亀に追いつけません〉

この話のミソは、実際には追いつくことができるはずなのに、追いつけないという矛盾した結論になる点です。だからパラドックスと呼ばれています。パルメニデスやゼノンは、このようなパラドックスが生じるので、運動というものは本当は存在しないのだと主張しました。

この話が簡単なようで意外とややこしい理由は、話の裏に「無限」が隠れているからでしょう。アキレスが亀に追いつくまでに進む距離を考えると、100m＋10m＋1m＋0・1m＋0・01m……と無限の足し算になりますが、無限の足し算をどう扱うのかといった問題や、本当に距離は０・１ｍ、０・01ｍ、０・００１ｍ……というふうに無限に小さく分解できるものなのか、といった哲学的な議論が出てきます。本書は物理学史の本なので、『アキレスと亀』にまつわる哲学的な議論に深入りはしませんが、分かりやすいようで深いことから、現代でも多くの人を惹きつけている問題です。

また、パルメニデスは「あるものはある、ないものはない」という論理的前提から出発すると、物事が変化することはありえないと唱えました。というのも変化を「変化前の状態」と「変化後の状態」に分けて考えるとすれば、変化とは「変化前の状態」が〝ある〟から〝ない〟に変わり、「変化後の状態」が〝ない〟から〝ある〟に変わるプロセスだとみなすことができ、先ほどの論理的前提と矛盾すると考えたのです。

彼は、運動や変化などの日常的な経験を論理によって否定することで、論理が経験に勝ることを主張していきました。要するに、直感や常識にばかり頼っていては、真理はつかめないかもしれませんよと警鐘を鳴らし、徹底的な「論理的思考」が今までになく深い議論には必要だということを示したわけです。パルメニデスとその師であるクセノファネス、そして彼らに続く哲学者たちはエレア派と呼ばれ、その主張は後の哲学者たちに大きな影響を与えていきます。ＲＰＧで言えば、古代ギリシャは「はじまりの町」に当たります。そこで、勇者一行は「論理」という、魔物と戦うための初めての武器を手に入れたのです。

科学的思考＝勇者の武器の誕生

パルメニデス以降、日常で経験する変化をいかに説明するかということが大きな課題として認識されるようになりました。また、論理を重視するという考え方に多くの哲学者が影響を受け、それまでよりも論理的に洗練された議論が生まれていきました。そういった流れのなかで、シチリアのエンペドクレス（紀元前４９３頃‐４３３頃）は「四大元素説」を唱えます。

彼は、世界が「土・水・空気・火」の４元素で構成されていて、４元素自体は新しく生まれたり消滅したり、相互に入れ替わったりはせず、万物の変化は４元素が集まったり散らばったりすることで起きていると考えました。なぜ元素が４つなのかについては、以下の対応を見ると分かりやすいと思います。

土　：全ての個体の源

水　：全ての液体の源
空気：全ての気体の源
火　：太陽や炎など（つまりエネルギー的なもの）の源

これら４元素が異なる比率で混ざり合うことで様々な物質が生まれ、その混合比率が変わることで変化が引き起こされるのだとエンペドクレスは唱えました。また、変化を引き起こす原動力として、４元素を混ぜる力を「愛」、分離させる力を「憎しみ」と呼びました。この世界は、４元素が「愛」と「憎しみ」の綱引きによって混ざったり分離したりすることで変化していくと考えたのです。

一方で、四大元素説とは異なるアプローチをとる人も現れます。デモクリトス（紀元前460頃‐370頃）は、師匠であるレウキッポス（紀元前５世紀に活動。生没年不詳）とならんで「原子論」を提唱しました。デモクリトスの説によると、物質の最小単位は「原子（アトム）」であり、無数に存在するそれらが集まることで万物が形作られるとします。そして原子は、何もない空間、すなわち「虚空（ケノン）」の中を動き回っていると考えました。

デモクリトスはさらに、原子には様々な形のものがあり、物質に見られる多様な性質は、色々な形の原子が異なる向きや並び方で集合することで引き起こされると考えました。つまり、原子の「形・向き・並び方」の違いが色々な物質の性質を生み出していると考えたのです。具体的には、甘い食べ物は丸い形の原子からできていて、酸っぱいものは角が多い形の原子からできているなどと考えました。

このような考え方の背景には、パルメニデスをはじめとするエレア派の主張が大きな役割を果たしています。パルメニデスは変化を否定しましたが、実際の世界は色々な変化が起きているように見えます。そこでデモクリトスは、それ自体は変化もせず生成・消滅もしない原子というものがたくさんあり、それが集まったり離れたり、向きや並び方が変わったりすることで、私たちが日常経験している変化が生まれると考えたのでした。つまり、世の中は見かけ上は変化しているけれど、その本質である原子は変化しないと仮定することで、変化を否定するエレア派の主張と実際の経験の間にあった矛盾を解消できると考えたのです。

現代の視点から見て、デモクリトスの原子論は2つの点で先進的でした。1つは「虚空」という考え方を取り入れたこと。変化が起きるためには原子が動き回る場所が必要で、その場所として虚空（何もない空間）が設定されました。「ないものはない」と考えたパルメニデスから一歩進んで「ないものがある」と発想することによって、より明快な仮説となったのです。デモクリトスの虚空は、現代科学でいう「真空」に通じると考えることもできます。

もう1つは、味などの感覚を機械的な仕組みで説明しようとしたことです。もちろん、現代の科学知識を持っている私たちからすれば、原子が丸い形だから甘く感じる、などという説明自体が間違っていることは分かります。ただ、味という現象をより基本的な要素に還元して説明しようとしたことは、プロローグで触れた還元主義に通じるものがあります。デモクリトスには、科学的思考の萌芽が見られるのです。

プラトンの四大元素説

デモクリトスの原子論は、四大元素説に比べると抽象的で分かりづらかったためか、あまり人気は出ませんでした。その後、多くの人に支持されたのは四大元素説の方で、プラトンやアリストテレスなどが思想を発展させていきます。

プラトン（紀元前427 - 347）は、エンペドクレスやデモクリトスの主張を取り入れて、独自の四大元素説を展開しました。四大元素説をとっている点ではエンペドクレスの流れをくんでいますが、プラトンの説の特徴は、四大元素の性質が形の違いで説明できると考える

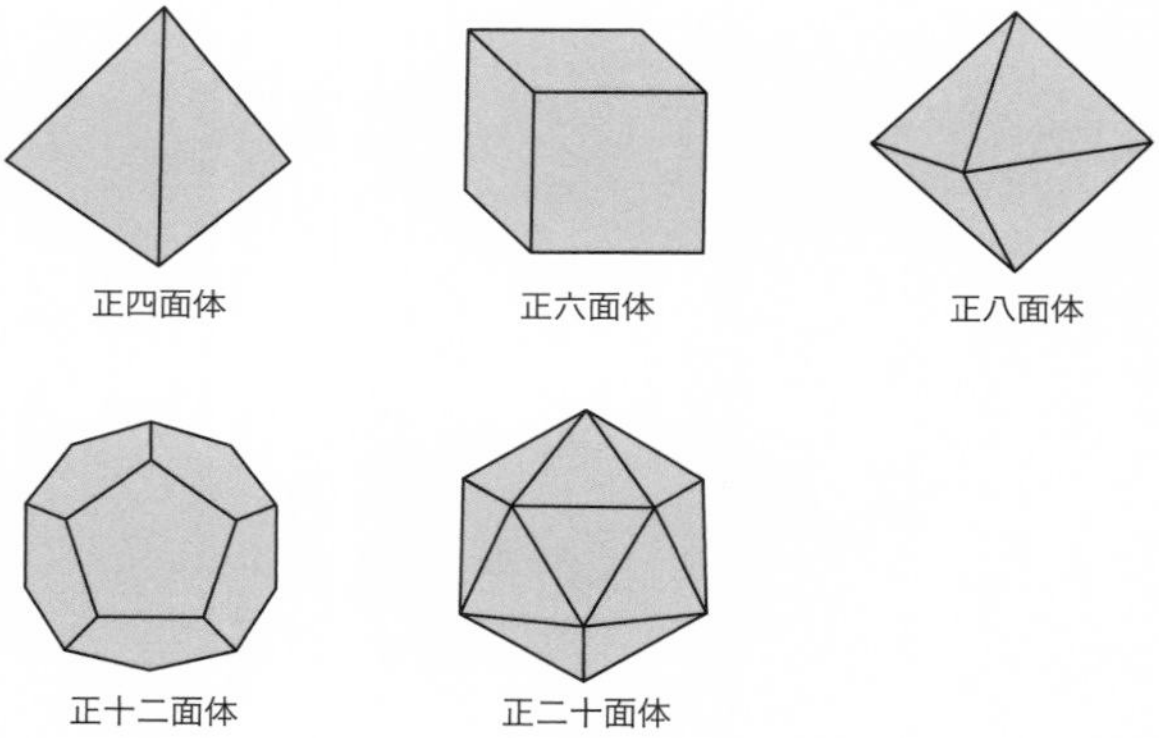

図表1-1　各種正多面体

点です。プラトンによると、四大元素はそれぞれ違う形をしていて、それゆえに性質が異なっています。形が性質を決めていると考える点では、デモクリトスの主張と共通点があります。

プラトンは、4元素は神様が創ったものなので、完全でなければならないと考えました。そして、当時において完全な図形と信じられていた正多面体（図表1-1）と関連づけ、4元素の粒子は正多面体の形をしていると考えます。彼の著書である『ティマイオス』のなかでは、

火　：正四面体
空気：正八面体

水　：正二十面体
土　：正六面体

といった考察がされています。

土が正六面体である理由は、正四面体、正八面体、正二十面体の各面が三角形なのに対し、正六面体だけは各面が正方形だからです。表面の形状が違うので他の元素と混ざりにくく、それゆえに塊のようになっていると考えました。また、空気より上に昇っていく火には最も面が少ない正多面体である正四面体を、空気には次に面が少ない正八面体、水には正二十面体を当てています。

実は、正多面体には5種類あって、4元素と対応させたもの以外に正十二面体があるのですが、正十二面体は「宇宙」を表していると結論づけられています。理由は、正十二面体の各面が正五角形だからです。三角形は真ん中で分割すると2つの直角三角形になり、正方形も対角線で分割すれば2つの直角三角形になります。けれども、正五角形は直角三角形の組み合わせに分割することができません。だから仲間外れだと考えたようです。

そして、四大元素の性質は、その形状からきていると考えました。例えば、火が熱いのは、火の粒子である正四面体が小さくて尖っているためで、それが突き刺さってくるから「熱い」と感じるのだと考察しています。

このように、先行する哲学者たちの思想を取り入れつつ、四大元素説は洗練されていきました。

「万物の理論」に挑んだアリストテレス

ここで、いよいよアリストテレス（紀元前384－322）の登場です。アリストテレスは、それまでの哲学者たちの考えを発展させて、自然界を説明する壮大な理論体系を作り上げました。師匠のプラトンと並んで、西洋最大の哲学者とも言われる彼の考え方を見ていきましょう。

アリストテレスも、自然界の成り立ちについて当時の主流であった四大元素説をとります。ただし、アリストテレスの考える四大元素は、その元祖であるエンペドクレスの説とは次の3つの点でかなり異なっていました。

① 4元素は状態を示す名称にすぎない

エンペドクレスは、四大元素は互いに入れ替わったりしない、つまり火が空気に変わったりなどはしないと考えていましたが、アリストテレスの説では、互いに入れ替わることが可能です。というのも、アリストテレスは四大元素そのものよりも、その背後にある「性質」がより本質的だと考えたからでした。

アリストテレスによると、万物には「熱 - 冷」「乾 - 湿」という対立する性質があり、自然界の変化は、この性質が相互に入れ替わることで生じます。例えば、水の蒸発は「冷と湿」から「熱と湿」への転換とみなされます。このような考え方から分かるように、アリストテレスは、自分で確かめることができる日常的な感覚を重視しました。日常的な感覚から出発して考察を進め、物質の本性に迫ろうとしたのです。

これらの対立する性質を組み合わせると、「熱・乾」「熱・湿」「冷・乾」「冷・湿」の4パターンがあることが分かります。アリストテレスは、これらの4パターンが相互に入れ替わることによって、自然界の様々な変化は生じているのだと考えました。そして、4パターンの組み合わせと4元素を以下のように対応づけます。

火　：熱・乾
空気：熱・湿
水　：冷・湿
土　：冷・乾

つまり、アリストテレスにとっての4元素は、性質の組み合わせパターンを表すラベルのようなもので、性質の方が根源的だとしたのです。

② 運動に理由づけを行った

アリストテレスは、4元素が「本来の居場所」を持っているとも考えました。具体的に言うと、火や空気は「月の軌道」、水や土は「宇宙の中心」が本来の居場所です。アリストテレスの時代は、地球が宇宙の中心にあるという天動説が信じられていたので、ここでいう「宇宙の中心」とは、地球の中心のことを指します。このようなことを考えたのは、運動について説明するためでした。

水や土は手ですくって持ち上げた後、手を離すと地面に落ちていきますが、彼の説では、水や土の本来の居場所が地球の中心であり、そこへ向かって進もうとするからだと考えました。反対に、火や空気が下に落ちていかないのは、本来の居場所が空の上にあるからだと考えます。具体的に言うと、アリストテレスは、月などの天体は「天球」と呼ばれる透明な球殻に貼りついていると考えていました。天球は、地球を中心とした同心円状に何層かに分かれていて、それぞれに別の天体が貼りついています。地球から一番近い天球には月、次に近い天球には水星、その次は金星……といった具合です。天体の運動は、これらの天球が回転することによって生じると唱えました。そして、地球に最も近い月の天球が、火や空気の本来の居場所だと考えました。アリストテレスは、それまでの哲学者から一歩進んで、なぜ火は上に昇っていくのか、なぜ水や土は手を離すと下に落ちるのかといった「運動」の理由を説明しようとしたのです。

③ 宇宙についても考えた

運動の理由について説明を試みたアリストテレスですが、天体の運動については②による説明は困難でした。なぜかというと、月や太陽などの天体は、本来の居場所である上や下に向かって動く地上の物体と違って、常に一定のペースで同じ軌道上を周回しているからです。

そこでアリストテレスは、天上と地上は別の法則が支配しているのだと考えます。

その時代、天体は完全な円を描いて運動していると信じられていました（本当は完全な円ではないのですが、当時は分かっていませんでした）。だからこそアリストテレスは、天球に天体が貼りついているという宇宙観を持っていました。天球が回転することで天体が動くのであれば、その天体の動きだけに着目すれば円運動に見えるはずです。また彼は、四大元素で構成される変化に富んだ地上と異なり、天上は天体が一定のペースで円運動をする理想的な世界なので、材料からして地上世界と違い、5番目の元素「エーテル」によって構成されているとも説明したのです。

また、アリストテレスによると、あらゆる運動には、その運動が始まる原因となる「動力因」が必要です。例えば、先ほど出てきた土が落下する運動には、人間が手ですくって持ち上げるという「動力因」がありました。天体は永久に運動し続けていますが、彼は土と同じように天球も最初は誰かが動かしたはずであり、その誰か、すなわち動力因は神だと考えました。

以上がアリストテレスの四大元素説です。画期的だったのは、身の回り（地上世界）の変化を議論の中心としていた従来の哲学者たちの議論から進んで、物体の運動や天体の運行についても明確に考察の対象とした点です。アリストテレスは、この世界の全てを説明する「万物の理論」（当時はこのような言葉はなかったでしょうが）を目指していたとも言えます。

アリストテレスの自然学がファンタジーである所以

現代の科学や物理学について知っている私たちから見れば、アリストテレスの自然学はファンタジーの域を出ていない〝妄想〟のように思われます。この程度の説で西洋最大の哲学者なんて、ちゃんちゃらおかしいと思うかもしれません。けれども、当時においては、その後2000年間にわたって自然認識の基礎となるほどの説得力を持っていました。

なぜ、現代人の感覚と当時の感覚でこれほど差が出るのでしょうか。それは、私たちから見て、アリストテレスの自然学と、そこに至るまでの哲学者たちの議論に決定的に欠けているものがあるからです。それは「実証」です。

現代科学においては、理論が自然現象を正確に説明できるかどうか、実験や観測によって必ず確かめます。数字で正確にデータを取り、理論による予想と比較してズレがあれば、その原因を追究します。ほかの理論の方がデータを正確に説明できるなら、もとの理論は棄てなければなりません。このような厳しい洗礼によって選び抜かれてきたのが、現代の物理理論です。

一方で、パルメニデスに代表されるように、古代ギリシャの哲学者たちは論理を重視し、実証には全くと言っていいほど関心を払っていませんでした。例えば、アリストテレスは「重いものほど速く落ちる」と考えていましたが、それは16世紀にガリレオが行った簡単な実験によって否定されました。

もちろん、当時の技術力では、優れた実験装置を作るのが難しかったことは確かです。けれども、ガリレオがアリストテレスの結論を覆すために行った実験は、金属球を斜面に置いて転がすという単純なものでした。斜面と金属球くらいならアリストテレスの時代でも用意できたはずですが、そういった実験的なものを当時の哲学者がやったという記録は残っていません。実験で確かめるという発想自体がなかったと考えるのが妥当でしょう。

古代ギリシャの哲学者たちは、自然界の全てを説明する「万物の理論」を目指していたのであり、その意味では現代の物理学者と同じ方向性を志していました。しかし、実証という決定的に重要な要素がまだ見出されていなかったために、図らずも壮大なファンタジーになってしまったのです。

アリストテレスの渾身のファンタジー（アリストテレス自然学）は、その後の西洋世界において学問のスタンダードとなっていきます。とくに先ほどの②と③は、西洋における自然観を大きく方向づけるものとなりました。②では、物体が「本来の居場所に向かう」といった目的を持っていると仮定しています。このように、自然現象には何か目的があるのだという考え方を「目的論的自然観」と言いますが、この思想が長らくヨーロッパで主流となり、ようやく見直され始めたのは、17世紀のデカルトの時代になってからです。

また、③はこの世界を「地上」と「天上」に分けて説明する考え方です。このようなアリストテレスの思想の広がりとともに、天上は完全なる神の世界であり、地上とは別物だという考え方がヨーロッパにおいて定着しました。この考え方が否定されるのは、約２０００年後、ニュートンの登場まで待つことになります。

17～18世紀の物理学の発展については第3章で見ていくことになりますが、物理学、ひいては自然科学において、「実証」がいかに大切かを知るためには、アリストテレス自然学と17世紀以降の物理学を比べるのが一番の近道です。アリストテレスの時代においては、「還元主義」の萌芽は見られましたが、「実証」は種すら播かれていない状態でした。魔王軍に宣戦布告したものの、武器が全く揃っておらず、モンスターたちと「木のぼう」で戦っていたようなものだったのです。

第２章

“天上”分け目の戦い勃発！天動説 vs 地動説

レ　ベ　ル：３　**UP!**
ステージ：天の世界
と　く　ぎ：論理的思考　**New!**
そ　う　び：なし

冒険に出発した途端の危機

　魔王を倒すための戦いがついに始まったわけですが、ここからの展開は波乱万丈です。古代ギリシャにおける都市国家は、紀元前322年のアリストテレスの死をもって幕引きとなり、その後は力を失っていきました。というのも、それより少し前の紀元前338年、カイロネイアの戦いでアテネ・テーベ連合軍がマケドニアに敗北し、ギリシャがマケドニアに併合されてしまったのです。

　学問の中心地であったギリシャの没落。打倒魔王の夢を果たす前に討ち死にしてしまったかと思われましたが、ギリシャ文明は力を失っていませんでした。当時の地中海地域は人の移動が活発で、ギリシャ人は様々な地域に入植し、各地でギリシャの言語や文化を広めていたのです。そのような地域が、衰退したギリシャ本土の代わりに学問の発展を担いました。

　ギリシャを併合したのはマケドニア王フィリッポス二世です。しかし、併合の2年後に暗殺されてしまい、王位を王子アレクサンドロス（アレクサンドロス大王）が継承しました。その後、アレクサンドロス大王はかの有名な東方遠征によって、ギリシャからエジプトやインドの一部にまで広がる大帝国を築き上げます。その大帝国は彼の死後に3つの王朝に分裂しますが、そのなかで最も栄えたのが、ギリシャ系のプトレマイオス王朝でした。

この王朝はエジプトを支配していたのですが、王族はギリシャ系マケドニア人で、ギリシャ文化や、学問への情熱を受け継いでいました。地中海地域の勢力図がダイナミックに変化するなかで、ギリシャ文化をコアとしながら様々な文化が融合していったのです。プトレマイオス王朝の首都アレクサンドリアでは、あとに紹介するクラウディオス・プトレマイオスを筆頭として、多くの優秀な学者が活躍していきます。有名なところでは、太陽の昇る高さの地域差を利用して地球の円周を推定したエラトステネスなどが知られています。

アレクサンドロス大王の治世からプトレマイオス王朝滅亡（紀元前30年）までの約300年間はヘレニズム時代と呼ばれます。ヘレニズムという言葉は「ギリシャ風文化」といった意味合いがあり、ギリシャ文化圏が周辺文化と融合しながら拡大していった時期です。この時代は、学問の発展にも目覚ましいものがありました。

レベル上げに勤しんだヘレニズム時代

ヘレニズム時代の最も傑出《けっしゅつ》した人物は、シチリア島のシラクサ（現在のイタリア南部）に生まれたアルキメデス（紀元前287－212）です。彼が住んでいた地域はマグナ・グラエキアと呼ばれ、ギリシャ人の入植地の一部でした。

アルキメデス最大の業績として知られるのが、水に浮かぶ物体は、それが押しのけた水の重さと同じだけの浮力を受けるという「アルキメデスの原理」の発見です。この発見のきっかけとなったのは、シラクサの支配者ヒエロン二世からの依頼だったという説があります。

あるときヒエロンは、職人に金の王冠を作らせたのですが、その職人が不正を働き、銀を混ぜたのではないかという疑念を抱きます。そこで、王冠を壊さずに純金製かどうかを見抜く方法についてアルキメデスに相談します。アルキメデスはその場で答えることができず、持ち帰って考えることになりました。なかなか名案が出ずに悩んでいましたが、入浴時に自分の体を浴槽へ沈めたところ、沈めた体積分だけ水が流れ出ることを発見します。そこでアルキメデスはひらめきました。

王冠と同じ重さの純金を用意し、水をふちまで満たした容器に沈めれば、流れ出る水の体積を比べることで、両者の体積を測れます。金は銀より比重が大きい（つまり、同じ1㎤あたりで比較すると、金は銀より重い）ので、もし王冠に銀が混ざっていれば、同じ重さの純金よりも体積は大きくなるはずです。つまり、流れ出た水の体積に違いがあれば、王冠は純金製でないということになるのです。彼はこのひらめきに喜ぶあまり、「エウレーカ（分かった）！」と叫びながら裸のまま大通りへ飛び出したと言われています。

ただ、流れ出る水の体積を測るという方法で本当に不正を暴けるかどうかについては、疑念の声も上がっています。というのも、金と銀の比重の違いから生まれる体積の差はわずかなので、水の体積も非常にわずかな違いしか生じないはずだからです。精密な測定機器のない当時において、それを正確に計測するのは困難だと考えられます。

一説によると、アルキメデスは、自らが発見した「てこの原理」と組み合わせることで解決したとも言われています。これは、2つの重りが釣り合う時、各重りから支点までの距離は重りの重さの比に反比例するという法則です。例えば、棒の左端に10gの重り、右端に50gの重りを吊るしたとすれば、左端から支点までの距離を、右端から支点までの距離の5倍になるようにして支えれば釣り合います。アルキメデスは、色々な重さの重りがどういう時に釣り合うのかを実験で確かめ、この法則を発見しました。

ではその具体的な方法はというと、まず王冠と同じ重さの純金を用意し、王冠を棒の一方の端に、純金をもう一方の端に吊るします。次に両者が釣り合う位置（支点）を探します。ここで、王冠と純金は重さが同じなので、両者が釣り合う際の支点は棒の中央になるはずです。そうしたら、この状態のまま王冠と純金を水に沈めます。

王冠に銀が混ざっている場合、王冠の方が純金よりも体積が大きくなるので、より多くの水を押しのけてより大きな浮力を受けます。結果、力のバランスが保たれなくなり、釣り合いが崩れて棒は純金の方へ傾きます。一方で、もし王冠が純金だけでできていれば、王冠も純金も同じ大きさの浮力を受けるので、力のバランスは崩れず棒は傾きません。この方法だと、銀がわずかであっても見抜くことができます。

アルキメデスの偉大さは、古代ギリシャの哲学者が気づくことのなかった「実証」の重要性を見出したところにあります。重りや水などを使って人工的に状況を整え、隠された法則を発見するという取り組みは、現代の科学研究における実験の世界最初の事例とも言えるでしょう。そういう意味で、アルキメデスは史上初めて登場した科学者なのです。

ちなみに、アルキメデスは発明家としても知られていて、「アルキメディアン・スクリュー」と呼ばれる排水ポンプや、敵船を転覆させるための「かぎ爪」と呼ばれる兵器を考案しました。また、数学の分野でも、円周率πの計算方法を考案するなど重要な貢献をしています。このように多方面で大活躍した彼ですが、紀元前212年のこと、ローマ軍がシラクサに侵攻した際に、家に侵入したローマ兵によって殺されたと伝えられています。

「アルキメデスの原理」や「てこの原理」の発見に代表されるように、ヘレニズム時代の学問は、古代ギリシャの学問に比べて具体的で実用重視でした。古代ギリシャでは、自然現象を包括的に説明する理論、現代風に言えば「万物の理論」についての議論が盛んでしたが、「万物の理論」は現代でも未完成ですから、この時代の人々が取り組むには早すぎたとも言えます。いわば、「木のぼう」と「皮のよろい」で魔王を倒そうとしていたようなものです。そこで、壮大な目標はひとまず脇において、そこら辺のモンスターを倒してじっくりレベル上げをしていったのがヘレニズム時代だと言えます。

天文学が発展したワケ

ヘレニズム時代において、最も体系的な発展を遂げたのが天文学です。当時の人たちがそう考えていたわけではないでしょうが、天文学から攻めるという方針は、自然を攻略し「万物の理論」を手に入れる作戦としてかなり有効です。というのも、様々な現象が複雑に絡み合う地上世界と違って、星の動きは非常に規則的で、明確なルールを見つけやすいからです。魔王へたどり着く前に手下の魔物を倒さなければならないように、自然界を支配する究極のルールである「万物の理論」へたどり着く過程では、自然に潜む色々なルールを一つ一つ発見していくプロセスが不可欠です。その第一歩として、星の動きを支配するルールを見つけようとする努力がなされていたわけです。天のルールを手に入れようとする努力は、のちに物理学における飛躍的な進歩につながっていきます。

当時においては天文学の研究が進んだ背景には、実用面でのメリットが大きかったことが挙げられます。そもそも天文学は古来、実用に結びついて発展を続けてきました。時計も方位磁石もＧＰＳもない当時の人たちにとっては、星の位置や動きを把握することが、時間や方位を知るための重要な手掛かりだったのです。

例えば、農業を営む人たちにとっては、いつ種をまき、いつ収穫すべきかといった正確な暦を知ることが重要で、当時の人は星の位置をカレンダー代わりにしました。というのも、人類は観測を続けていくうちに、星が天空を非常に規則的に動いていることに気づいていたからです。地上世界には見られないほど正確な規則性を示す星の動きを暦に利用しようと考えるのは、自然な発想だったのです。ビルの明かりや大気汚染のない時代の夜空は、今とは比べ物にならないほどはっきりと星が見えたことでしょう。

また、星々は決まった時期に決まった方角に現れることから、方位を特定する手段にもなりました。とくに航海の時などは、地上の目印を頼りにすることができないので、星との位置関係が航路を決める重要な手掛かりになります。ホメロスの叙事詩『オデュッセイア』でも、女神カリュプソが、船でイタケー島へ帰ろうとするオデュッセウスを見送るシーンでは、女神が、おおぐま座を常に左手に見つつ海を渡るようにとオデュッセウスにアドバイスしています（北半球では、北斗七星の一部であるおおぐま座は真北に見えるので、北の夜空に輝くおおぐま座を左手に見つつ進むということは、イタケー島はオデュッセウスの出発地から東側にあることになります）。このように、星の位置や動きを把握するための天文学は、生活に欠かせないものでした。

アリストテレスに従わない天の放浪者たち

星の動きを説明する上で、アリストテレスは天動説の立場をとっていました。天動説とは、地球が宇宙の中心で静止していて、その周りに太陽や月、そして水星、金星、火星、木星、土星が公転しているとする説です（天王星と海王星は肉眼で見えないので、当時は知られていませんでした）。アリストテレスのくだりで説明したように、これら太陽系の天体（太陽系という言葉自体が当時はなかったわけですが、説明のために便宜上使っています）はそれぞれの天球に貼りついていると考えます。そのほかの無数の星々は、一番外側にある「恒星天」と呼ばれる天球に貼りついているとみなし、太陽系の天体と恒星天は、地球のまわりを約１日かけて公転すると説明しています。ただし、１日でぴったり1周するのではなく、天球ごとに公転周期が少しずつ異なっています。季節や年代によって星の見える方角が変わるのは、天球ごとの公転周期のわずかなずれが積み重なり、星々の見かけの位置関係にズレが生じるためと考えました。星座は恒星天に貼りついている星々を結ぶことで作られますが、同じ天球に貼りついているため、それらの星々の相対的な位置関係は変わりません。だから季節が巡っても星座の形は変わらないのですが、恒星天の回転周期がぴったり１日ではないので、地球から見たときの星座の方角は季節によって変わっていきます。また、異なる天球上にある太陽系の諸天体との位置関係も変わっていきます。

この考えは地動説に慣れ親しんだ現代の私たちには受け入れにくいものだと思います。学校では、全天体の１日かけた公転運動は見かけ上のものであって、本当は地球が１日かけて自転していると習いますし、季節や年代によって星の位置関係が変わるのは、地球やその他の惑星が太陽のまわりを公転していて、相対的な位置関係が変わっていくからだと教わります。ただ当時は、宇宙の中心は地球であるという天動説が主流だったので、宇宙全体が１日ごとにぐるぐる回っていると考えたのです。

天文学においては、今も昔も、この宇宙全体の日周運動（１日で１回転する運動のこと。地動説では地球が日周運動していると考える）は重要ではありません。大切なのは、季節や年代による星々の位置の変化です。暦を作るにせよ方角を知るのにせよ、必要なのは「〇〇〇〇年〇月〇日は、どの方角にどの星が見えるのか」という情報だったのです。そこで、宇宙全体の日周運動を止めて（無視して）考えてみることにします。これは具体的には、毎晩同じ時刻に夜空を眺めて、星々の位置を記録することに相当します。すると、天球における星々の位置関係は、ゆっくりとではあるものの、確かな規則性をもって変化していることが分かります。この変化の規則を探るのが、天文学の使命です。

アリストテレスもこの使命を果たそうと思索にふけり、月の天球より上の天上世界は「完全」であって、地上世界のように色々な変化が起きることはないと結論づけました。太陽、月、水星、金星、火星、木星、土星は、地球を中心として回転する天球に貼りついているため、その軌道は完全な円形だとしたのです。しかし、ヘレニズム時代の人々は、アリストテレスの説明と実際の星の動きが合わないことに気づきます。具体的には、一部の星に「逆行」と呼ばれる不可解な現象を見出したのです。

逆行とは、ある時期に、星が普段とは逆方向に進む現象のことです。具体的には、水星、金星、火星、木星、土星といった星々に逆行運動が見られます。これらの星は、ふらふらと天球上を彷徨《さまよ》っているように見えることから「惑星」と呼ばれました。英語では「planet（プラネット）」といいますが、これはギリシャ語の「プラネテス（放浪者）」からきています。夜空を放浪している星ということですね。

逆行がどんな現象なのかイメージを持つために、火星の地球から見える軌道を図表2－1に示しました。これを見ると、火星が天空を一定方向へ進んでいたかと思いきや、おもむろ

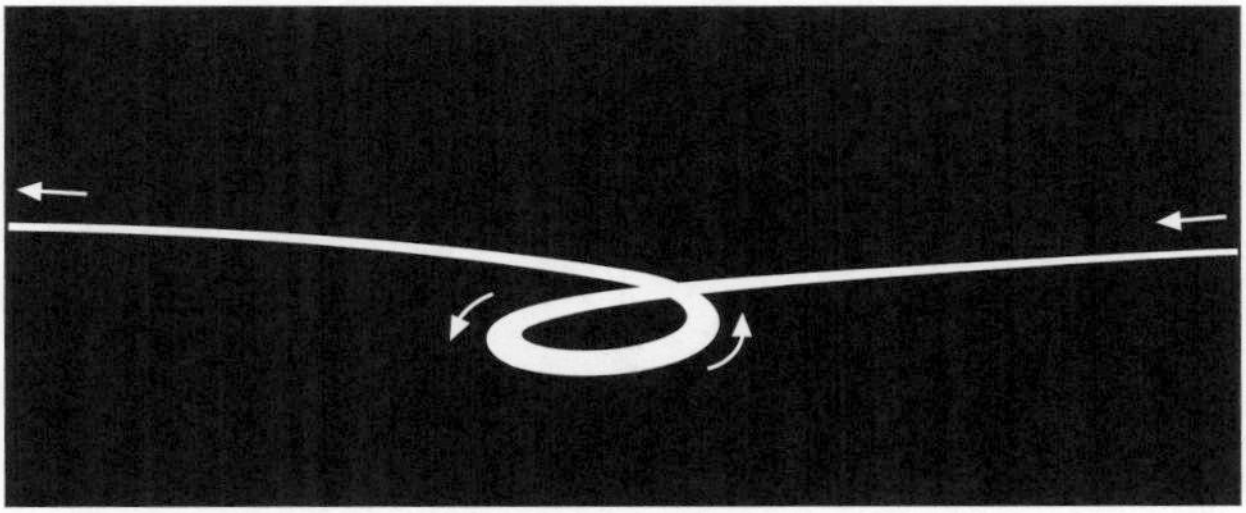

線の太さは地球から見える火星の明るさを示しています。

図表２-１　火星の逆行運動

にUターンし、またUターンして元の軌道に戻っています。星が完全な円軌道を描いて地球の周りを公転しているとするアリストテレスの説では、このような動きは説明できません。そのほかにも、水星や金星には、時期によって見かけの明るさが変わるという不思議な特徴がありますが、完全な円軌道に沿って地球の周りを回っているなら、地球との距離は常に一定のはずです。ですから、明るさが変わるという現象も、アリストテレスの説ではうまく説明できませんでした。

「重いものほど速く落ちる」というアリストテレスの誤った仮説は16世紀まで信じられていた（第1章参照、44ページ）のに、星の動きをうまく説明できないことには、ずっと早く気づいたことになります。実用上のメリットがあってしっかり観察していたので、問題点にいち早く気づけたのでしょう。

天動説を完成させたプトレマイオス

アリストテレスの理論に補強が必要なことは明白でした。そこで、逆行運動や明るさの変化を説明するための研究がなされ、それを大成させたのが、プトレマイオス王朝の首都アレクサンドリアで活躍したクラウディオス・プトレマイオス（西暦83頃‐168頃）です。ちなみに、プトレマイオス王とたまたま同じ名前ですが、血縁はないと考えられています。

当時は研究者たちによって、アリストテレスの理論に「周転円」という補正を加える方法が研究されていたのですが、プトレマイオスはその研究を完成させて『アルマゲスト』という本にまとめました。『アルマゲスト』に記されたプトレマイオスの理論は天動説に基づくものですが、星の動きを高い精度で説明することができたため、その後1500年近くにわたり天文学の絶対的なバイブルとなります。

周転円がどういうものか、図表2‐2に図示しました。ここで注意ですが、この周転円の考え方は、天動説に基づいて星の動きを説明するための方法論であって、現代科学ではこのような考え方はしません。ただ、物理学の歴史を知る上では、当時の人がどう考えたのかを

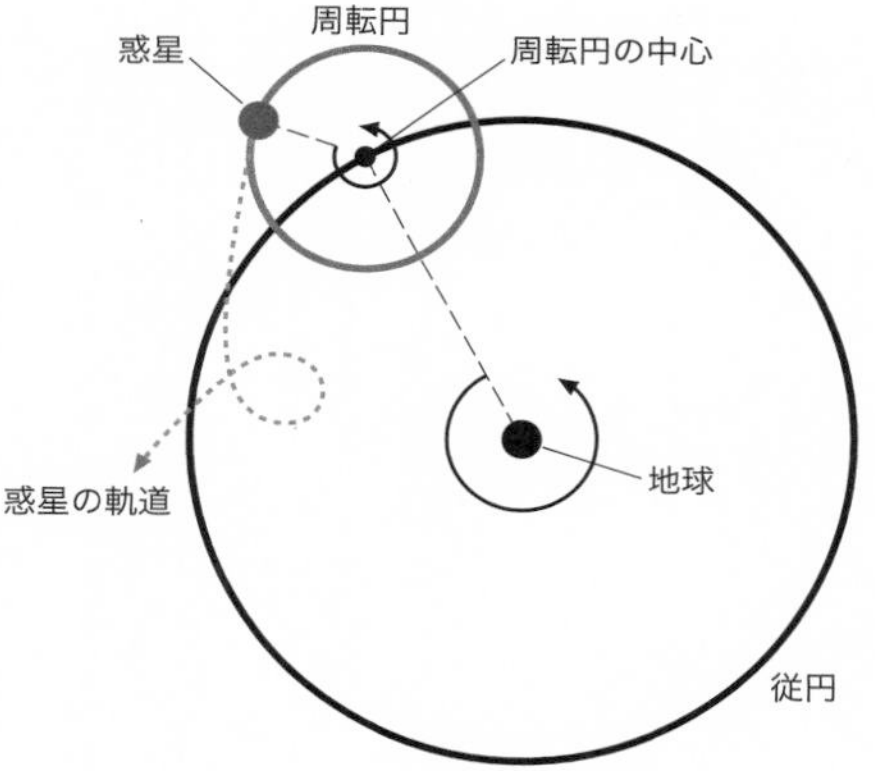

図表2-2 天動説による惑星が逆行する仕組み

知ることが重要だと思うので紹介します。

図表2-2のなかで、地球をかこむ大きな円は従円、従円の上に描かれた小さな円は周転円と呼ばれます。周転円の中心は、従円の弧の上を一定速度で移動しています。そして惑星は、周転円に沿って回転運動をしていると考えます。このように考えると、逆行運動も明るさの変化も説明することができるのです。

それではまず、逆行運動から考えていきましょう。惑星が周転円の上を運動しながら地球に近づいてきたとき、地球から見ると、一時的に星が逆方向に移動しているように見えるタイミングがあります。図表2-2でいえば、周転円は従円上を反時計回り（左方向）

に移動し、惑星も周転円上を反時計回りに回転していますが、惑星が地球へ近づいてまた遠ざかるタイミングでは、一時的に地球から見て惑星が右方向へ運動しているように見えます。このときは、地球から見ると惑星が普段と逆方向へ動いているように見えるのです（実際は火星の公転面が地球の公転面に対して傾いているため、火星と地球の位置関係は時期によって立体的に変わり、図表2-1のようなループ型やS字型の軌道を描くこともあります）。

見かけの明るさが変化する問題も、惑星が周転円上にあると考えると説明できます。つまり、惑星が周転円の地球側にきているときは地球からの距離が近くなるので明るく見え、反対側にいるときは距離が遠くなるので暗く見えると考えればよいわけです。

このように、プトレマイオスの理論は、きちんとした観測に基づいてアリストテレスの理論を補強し、それまではうまく説明できなかった天体現象を説明することができました。アリストテレスの天動説的宇宙観は、プトレマイオスの成果をもって実際の星の動きを高い精度で説明できる実用的な理論へと昇華したのです。ガリレオの宗教裁判の逸話で語られるように、天動説は非科学的、地動説は科学的というステレオタイプな理解がありますが、それは大いなる誤解です。天動説は、天体の運動を高い精度で予測できる、とても精巧な理論だったのです。

天動説の２つの根拠

また、天動説が主流だったのには、れっきとした理由がありました。１つ目は、地球が動いているのなら、空を飛んでいる鳥や空に向かって放り投げた石などは、地球の動きに取り残されて彼方《かなた》へ飛び去ってしまうはずだという反論があったためです。星の動きを説明するだけなら天動説でも地動説でも良いかもしれませんが、こういった経験的な事実に基づく反論に、当時の地動説は答えられませんでした。

現代の私たちは地球が動いていることを知っていますが、その動きを感じることはありません。現代科学の知識をここで出してしまうと、地球の公転速度は時速10万kmほどで音速の88倍という猛スピードです。地球と同じ速さで動けば、東京から大阪まで10秒ちょっとで移動できます。それだけのスピードで地球が太陽の周りを回っているのに、私たちが宇宙空間に放り出されたりせずに鳥が平気な顔をして空を飛んでいるのは、考えてみれば不思議な話です。その理由は、17世紀後半に入ってからようやくニュートンにより解明されることになります（詳しくは第３章）。

2つ目の理由は「恒星《こうせい》」の見え方です。恒星とは、星々のうち自ら光を放っている星のことです。太陽は、自ら光を放っているので恒星の1つです。一方、月と太陽系の惑星（および衛星）は自ら光を発しておらず、太陽の光を反射することで光っているので、恒星ではありません。では、太陽以外の恒星はどこにあるかというと、夜空に瞬く無数の星々のほとんどが恒星です。これらの星は太陽からの光が届かないほど遠くにありますが、自らが光を放っているので地球から見ることができます。恒星には太陽も含まれるわけですが、ここでは説明の便宜上、太陽以外の恒星のことを「恒星」と呼びたいと思います。つまり、アリストテレスの宇宙観における「恒星天」に貼りついている星々を「恒星」と呼ぶことにします。

地球が動いているのだとすれば、時期によって地球の位置が変わるため、恒星の見える方角が変わるはずです。このように、地球の運動によって星の見える方角が変わる現象を「年《ねん》周視差《しゅうしさ》」と呼ぶのですが、当時の天文学者は、恒星の年周視差を観測することができませんでした。これが、地動説を否定する理由です。もう少し詳しく追っていきましょう。

年周視差の仕組みを図表2‐3に示します。図の上部にある恒星を地球から見た場合、地球が公転軌道のどこにいるかによって、夜空のどの方角に見えるかが変わってきます。1年たって地球がもとの位置に戻れば、恒星は以前と同じ方角に見えるはずです。つまり、本当

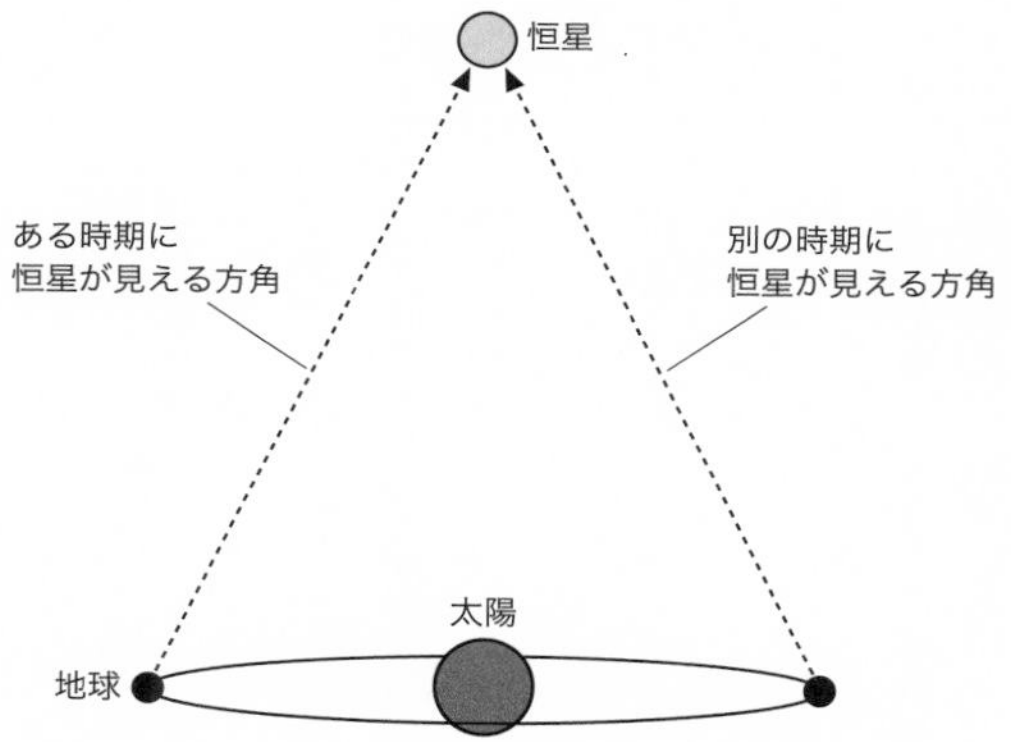

図表2-3 年周視差が発生する仕組み

は地球が公転しているのだけれども、地球上の観測者から見れば、恒星の方が天球上を1年かけてぐるりと回っているように見えるのです。

ここで、季節によって恒星（星座）の見える方角が変わるという先ほどの話とごっちゃになってしまうかもしれないので、違いを説明したいと思います。恒星は季節によって見える方角が変わっていきますが、その動きに加えて、年周視差に基づく周回運動のような動きが観測できるはずということです。つまり、恒星の動きは「季節の変化による動き＋年周視差による動き」という2つの要因が組み合わさっていると考えることができます。

例えば、ある恒星がレンズのど真ん中に見えるように望遠鏡を向け、季節による動きに合わせて望遠鏡の角度を変えていったとしましょう。仮に年周視差が全くなければ、その恒星は常にレンズのド真ん中でずっと静止しているように見えるはずです（季節による動きが望遠鏡の動きで相殺されているため）。一方、もし年周視差があれば、レンズの中心付近で周回運動をするような見え方をするはずです。つまり、季節による動きを相殺しても残る動き、それが年周視差です。

この年周視差ですが、同じ現象を簡単に再現することができます。腕を伸ばし、顔の前に人差し指を立ててみてください。そして左目をつぶって右目だけで見てみましょう。次に、右目をつぶって左目だけで見てみます。すると、左目だけで見た場合と、右目だけで見た場合では、指の位置が変わって見えると思います。これは、実際の指の位置は動いていないのですが、右目と左目という異なる視点からの観測により、指の見かけ上の位置が変わって見えるのです。地動説が正しいとするなら、これと同じことが地球と恒星の間で起きていることを観測しなければなりません。

しかし、当時の技術では、恒星の年周視差を観測することはできませんでした。そのため、地球は動いておらず、天動説の方が正しいと考えられたのです。なぜ年周視差が観測されなかったかというと、恒星が非常に遠くにあるためです。先ほどの例でいうなら、指を顔から

4〜5㎝くらいしか離さず交互に見ると、指の位置はかなり違って見えますが、指を顔からめいっぱい離して見みると、指の位置のずれは小さくなるはずです。つまり、指が顔から離れているほど、見かけ上の指の位置の変化は小さくなるわけです。これと同じ原理で、恒星が遠くにあるほど、年周視差は小さくなっていきます。地球と太陽の距離は約1・5億㎞ですが、恒星までの距離は一番近いものですら40兆㎞ほど離れているので、年周視差は非常に小さいのです。そのため、観測を肉眼に頼っていた当時は確認できず、年周視差はないと思われていました（恒星の年周視差が初めて観測できたのは19世紀に入ってからです）。

正確で融通のきく「エカント」

プトレマイオスの理論は約1500年もの間、絶対的な権威として君臨しました。しかし、16世紀のコペルニクス（1473‐1543）の登場により、潮目が変わってきます。

コペルニクスは天文学一筋だったわけではなく、本業は聖職者でした。幼い頃に両親を亡くし、聖職者の伯父の下で育てられた彼は、学生時代に法律、医学、占星術など色々な学問に触れたのち、伯父の計らいで聖職者としての職に就きます。そして仕事のかたわら、天文学の研究に没頭しました。

コペルニクスは、プトレマイオスの理論に登場する「エカント」と呼ばれる概念が気に入らず、それが天文学研究の原動力になっていたという説があります。エカントとは、四季が同じ長さでないという観測事実を説明するために導入された考え方です。

アリストテレスは、星は一定速度で地球の周りを公転していると考えました。太陽も例外ではなく、地球から観測すると、太陽は黄道と呼ばれる斜めに傾いた軌道を1年かけて進んでいるとしました。そして黄道が傾いているために、太陽の昇る高さが時期によって変わり、その結果として四季が生じると天動説では考えられたのです。

しかし、太陽が一定のペースで動いているのだとしたら、春・夏・秋・冬の長さは同じになるはずです。もっと具体的に言えば、春分・夏至・秋分・冬至の間隔が等しくなるはずなのです。しかし、実際は数日ほどの違いがあります。春分から秋分まで（つまり春・夏）の方が、秋分から春分まで（秋・冬）よりも長いのです。これは、天動説に基づいて単純に考えれば、太陽が夏はゆっくり、冬は速めに動いていることになってしまいます。

この現象を説明するため、プトレマイオスは、太陽の公転速度は地球から見れば変わって見える（だから季節の長さが違う）けれども、地球から少し離れた「エカント」と呼ばれる位

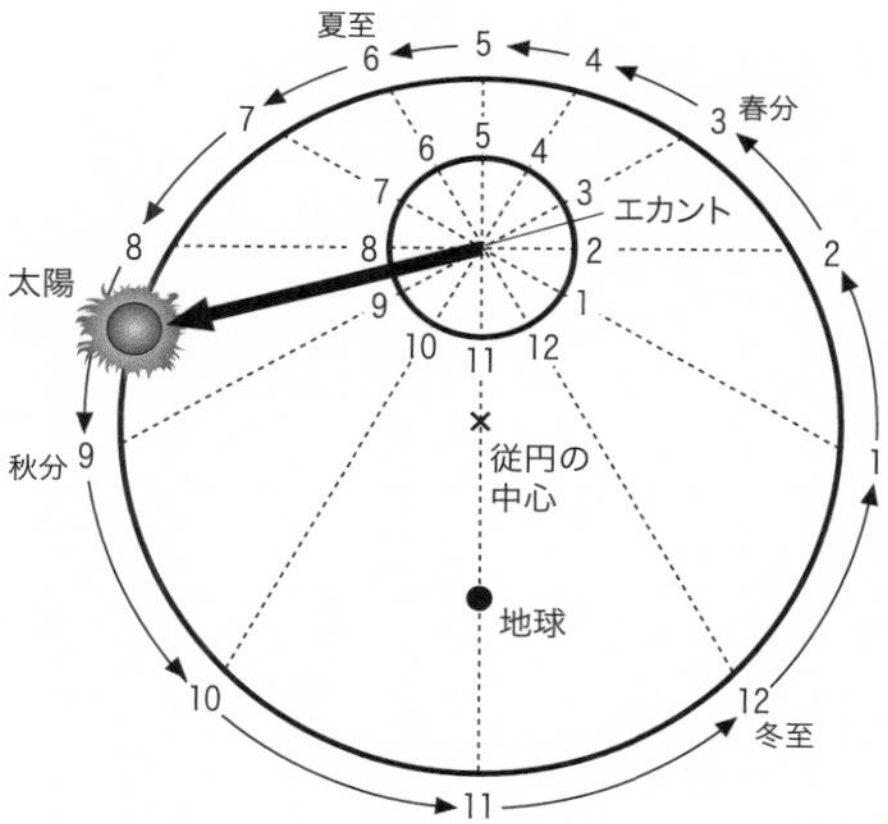

※エカントと地球の位置については説明を分かりやすくするために、実際よりも従円の中心から離して描いています。

図表2-4　天動説で季節の長さを説明する方法

置から見れば一定なのだと考えました。

　この考え方は少し分かりづらいので、例えを使って説明したいと思います。図表2-4のような、奇妙な形の時計を想像してみてください。普通の時計は時針、分針、秒針の3本の針がありますが、この時計には分針1本だけがあります。しかも、分針は時計の中心（図の×印）からでなく、少し上の位置から出ています。この位置が「エカント」です。そして、時計の中心を挟んだ反対側には地球が位置しています（図は中心からのズレを強調して描いていますが、実際の縮尺では地球もエカントもより中心に近い位置にあります。ですので、エカントの考え方も地球中心説の一形態とみなされます）。太陽系は、北極星がある方角（北）から見下ろすと惑星が反時計回りに公転していて、天文学ではその視点から考えることが多いため、分針は反時計回りに動くことにします。針が真ん中から出ていない上に逆に回るという、相当奇妙な時計ですが、プトレマイオスのアイデアを理解するために少々お付き合いください。天の世界を攻略するために昔の人が作り出した魔法アイテムとでも思っていただければ幸いです。

エカントには小さな文字盤があって、何月かを表す1から12までの数字が刻まれています。普通の時計と違って12が一番上にあるわけではありませんが、実際の季節に合わせて数字を配置したと考えてください。分針は普通の時計と同じように一定のペースで動き、1時間で1周します（本当は1月から12月までは1年ですが、実際の時計に近い動きの方がイメージしやすいと思うので、1時間で1周する状況を考えます）。それとは別に、×印を中心に全体を取り囲む大きな文字盤もあり、こちらにも月を表す数字が刻まれています。大きな文字盤は従円を表していて、エカントからの伸びる分針の指す方向に太陽があると考えてください。

小さな文字盤はエカントからの視点、大きな文字盤は従円における実際の太陽の動きを表しています。小さな文字盤は、数字の間の距離がどこも同じですが、大きな文字盤の方は、下に行くにつれて数字の間の距離が広がっています。エカントが大きな文字盤の中心（×印）

から離れた地点にあるので、こういうことが起こるわけです。そのため、分針が一定のペースで動いていたとしても、分針の動きに合わせて従円を移動する太陽の動きは一定ではなくなります。なぜならば、大きな文字盤上の5から6までの距離に比べて、例えば11から12までの距離の方が長いのに、どちらも分針の動きに合わせて5分間で移動しなければならないからです。

これを物理学の用語で表現すれば、「太陽は、エカントから見て角速度が一定になるように動く」となります。角速度という言葉は聞き慣れないかもしれませんが、回転の速さを表す言葉です。例えば、風の強い日に風車が6秒間で1回転しているとすれば、その角速度は60度／秒（＝360度÷6秒）になります。つまり、1秒間に60度というペースで回転しているということです。角度の速度なので角速度と呼びます。

ポイントは、エカントから生えている分針は、速くなったり遅くなったりしていないことです。つまり、回転のペース（角速度）が一定なのです。エカントから見て一定ペースで回転している分針の動きに合わせて、太陽が大きな文字盤（従円）の上を動くとき、太陽の移動速度は時期によって変わることになります。プトレマイオスは、このような仕組みによって季節の長さの違いが生まれるのだと考えました。

こんなややこしい考え方をしなくても、太陽の公転速度が見た目どおりに速くなったり遅くなったりしていると考えればいいだけじゃないかと思うかもしれません。しかし、そう考える場合も、どういう規則で速さが変化しているのかは説明が必要です。エカントから見て一定ペースになるように動いているのだとすることで、太陽の公転速度の変化が計算可能になるわけです。また、絶対的な権威であったアリストテレスが「星は一定の速度で公転している」と教えていたわけですから、それを真っ向から否定すれば袋叩きにあってしまいます。「太陽の公転速度は変わっているけど、エカントから見れば一定ペースなのだ」と説明すれば、批判をかわすことができるでしょう。

天動説から産声を上げた地動説

エカントの考え方は詭弁のように思えるかもしれませんが、実はかなり本質を捉えていました。季節の長さが違う本当の理由は、地球が太陽の周りを楕円軌道を描いて公転していることと、地球の公転速度が一定ではないことです。太陽は、地球が描く楕円軌道の「焦点」と呼ばれる位置にあるのですが、この焦点は楕円のド真ん中ではなく、少しズレた位置にあります。地球が回っているか、太陽が回っているかの違いはあるものの、中心から少しズレているという発想、および軌道上を移動する速度が変わっていくという発想は、真実の一端を掴んでいたわけです。それにエカントを使えば、太陽の動きだけでなく惑星の動きもうまく説明することができました。アルマゲストが１５００年もの期間にわたって絶対的なバイブルとなった最大の理由は、エカントの導入により予測精度が大きく向上したことと言っても過言ではありません。

とは言うものの、コペルニクスにとってエカントは不自然に見えました。アリストテレスの宇宙は円運動のみのシンプルなものでしたが、プトレマイオスの宇宙は色々な調整が入って複雑怪奇です。そういった調整がより少なくて済むような説明はないものかと考え、コペルニクスはアルマゲストの研究に没頭します。そして彼は、プトレマイオスの理論が、太陽を中心としたシステム、すなわち地動説（地球を含めた太陽系の天体が太陽の周りを回っているとする説）に読み替え可能であることに気づきます。ちなみに、コペルニクスが考えていたのは、宇宙の中心に太陽があり、他の天体がその周りを回っているという宇宙像なので、厳密には太陽中心説と言った方が正確ですが、色々な用語が飛び出すと分かりづらくなるので、ここでは地動説と呼びたいと思います。

プトレマイオスの理論が地動説に読み替え可能な理由をザックリ言うと、プトレマイオスの理論と地動説は、共に2つの回転運動の組み合わせで惑星の動きを説明しているからです。プトレマイオスの理論では、惑星の動きは従円と周転円という2つの回転運動の組み合わせによって説明されます。一方で地動説においては、地球も地球以外の惑星も太陽の周囲を公転していると考えますので、こちらも2つの回転運動（地球の公転と他の惑星の公転）で動きを説明しています。例えば、地球から見た火星の運動を説明するときは、「地球の公転」と「火星の公転」という2つの回転運動を考えるわけです。つまり、プトレマイオスの理論は天動説に基づいてはいるものの、説明の方法は地動説のそれに近いのです。コペルニクスは最初から地動説に思い至っていたわけではなく、天動説に基づくプトレマイオスの理論を研究していくなかで、地動説にたどり着いたのでした。

コペルニクスは研究を進め、地動説に基づいて、天動説と互角の精度で星の動きを予測することに成功します。さらに、プトレマイオスの理論では求められなかった惑星間の位置関係や距離すら割り出します。地動説に基づいて計算すれば、惑星がこういう順番で並んでいて、太陽からこれだけ離れていて……といった太陽系の絵姿がバシッと定まるのです。このような具体的な成果から、コペルニクスは地動説の正しさを確信したとされています。

実は、地動説自体は昔から知られていて、アリスタルコス（紀元前３１０－２３０頃）など、紀元前の学者も研究していたほど古いアイデアです。つまり、コペルニクスが地動説を唱えた最初の人物というわけではありません。

また、コペルニクスの計算の元になった観測自体の精度が悪かったこともあり、地動説に基づく星の動きの予測も、プトレマイオスのものに比べてとくに優れているというわけではありませんでした。さらに、地動説を支持するならば、天動説の２つの根拠（地球の動きを確認できないことと年周視差）を崩す必要がありますが、コペルニクスは年周視差については恒星が非常に遠くにあるために観測できないのだと説明したものの（これは後に正しい見解であることが立証されます）、地球の運動を私たちが感じられない理由については、あまり的確な反論はできませんでした。

けれども、コペルニクスは地動説に基づいて星の動きを予測し、惑星間の位置関係や距離を具体的に求めるなど、それまでにない多くの成果を上げました。これによって、ただの〝説〟にすぎなかった地動説が俄然《がぜん》、理論的な深みを持ったのです。コペルニクスの業績は、当時はるかに先行していた天動説に対し、互角に戦えるレベルまで地動説に理論武装を施したことです。天動説こそが魔王を倒す選ばれし勇者だと誰もが思っていた矢先に、コペルニクスが彗星のごとく現れ、地動説を強化して「勇者（地動説）vs ニセ勇者（天動説）」の戦いを繰り広げたわけです。それでも、コペルニクスの段階では、まだ天動説 vs 地動説の戦いは先が見えていませんでした。第3章で説明しますが、最終的に天動説の息の根を止めたのは、アイザック・ニュートン（1642－1727）です。

シンプル・イズ・ベストな地動説

プトレマイオスの理論では奇妙な微調整が必要な一方で、地動説ではシンプルな説明が可能です。そもそも、天動説において周転円を導入した理由は、惑星の逆行と明るさの変化を説明するためでした。これらについて、地動説ではどう説明されるのか見てみましょう。

まず逆行ですが、このような現象が起きるのは、地球が公転運動によってほかの惑星を追い抜くときです。図表2－5を見てください。火星と地球は同じ方向（図では反時計回り）に公転していて、これにより普段は火星が夜空を西から東へ日ごとに少しずつ移動しているように見えます。ただし太陽系の惑星は、太陽に近いほど短い周期で公転しており、地球は火星よりも太陽に近いので公転周期が短く、のろのろ動いている火星を後ろから追い抜くタ

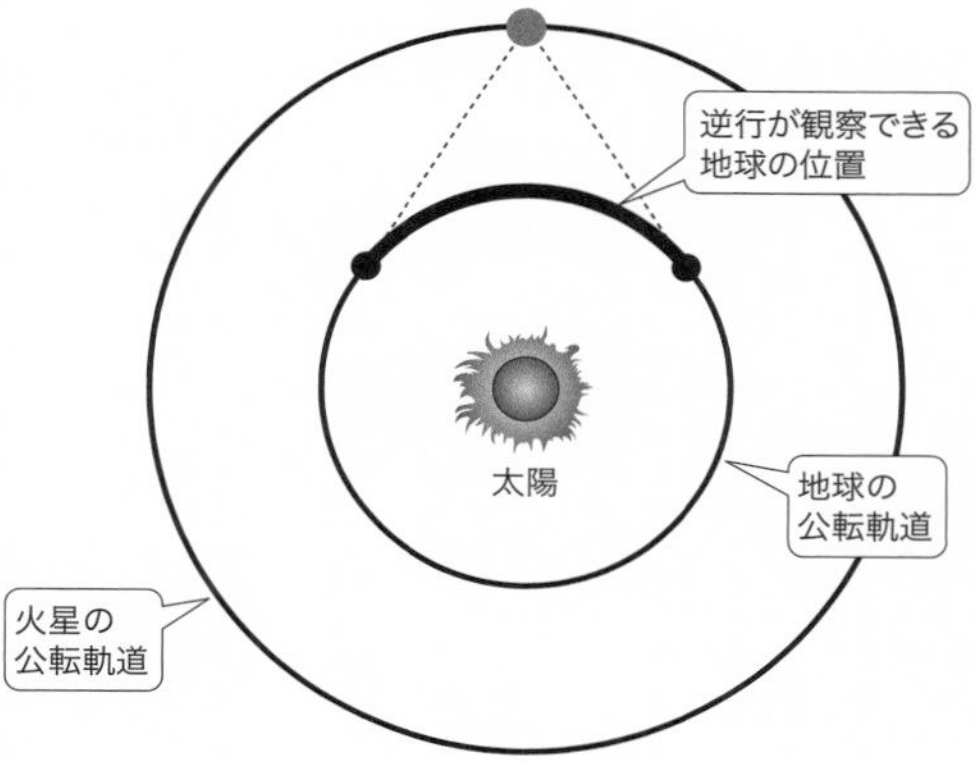

図表２-５　逆行が起きる理由

イミングがあります。この時、地球からは火星が東から西へ動いているように見えるのです。火星の動きが変わったわけではないものの、地球が追い越すことによって、火星が相対的に後退しているように見える期間があるということです。

見かけの明るさが変わる現象も、地動説に基づけば容易に理解できます。地球を含めた惑星は、それぞれ異なる周期で太陽のまわりを公転しているので、互いの相対的な位置関係は時期によって変わります。例えば、火星と地球は時期によって近づいたり離れたりしているのです。そのため、地球からの距離が近いときに火星は明るく見え、遠いときは暗く見えることになります。

さらには、水星と金星の特徴的な動きについても、地動説の方が自然に説明できます。水星と金星は、日の出前か日の入り直後の短い時間帯だけ見ることができ、常に太陽と同じ方角に出現します。つまり、明け方は東の空に、日没後は西の空に現れます。金星はとくに明るく見えるので、明け方は「明けの明星」、日没後は「宵の明星」と呼ばれ、「一番星」と呼ばれることもあります。

プトレマイオスの理論では、水星や金星の特徴的な動きを説明するために、水星・金星を従える周転円が、地球から見た太陽の方角と同じ方角に位置するように移動していると考えました。「水星・金星は太陽と同じ方角に見える」という現象を説明するために、「水星・金星は太陽と同じ方角に見えるように動く」というルールを理論に付け加えたということです。やや強引な解決方法ですね。

一方で、地動説に基づけば、太陽系の惑星は、太陽から近い順に水星、金星、地球、火星……と並んでいて、水星・金星は地球の公転軌道よりも内側、つまり地球から見て太陽と同じ側にあるため、水星・金星は太陽と同じ方角に見えると、簡潔に説明できます。ちなみに、昼間の太陽の周辺にももちろん水星・金星は存在するのですが、太陽光が強すぎるため、それらを見ることはできません。夜明け前か日没後は太陽が隠れているため、水星や金星を見ることができるのです。

コペルニクスが気づかなかった太陽系の真実

天動説と地動説の違いを色々と見てきましたが、実は、コペルニクスが唱えた地動説は、現代物理学における太陽系の理解と大きく異なる点があります。それは、惑星の軌道が本当は楕円なのに、コペルニクスは円だと思っていたことです。

アリストテレス以来、天上は神が支配する完全な世界なのだから、惑星の軌道は完全な円になるのだと信じられていました。コペルニクスもそのように考えていたので、完全な円軌道を前提として計算を行っています。しかし、惑星の軌道は完全な円ではなく、わずかに楕円形です。その結果、観測と合わない部分が出てきたため、計算誤差を調整するための周転円を導入するなどして、結果として計算がごちゃごちゃしてしまいました。惑星の軌道が楕円であることを発見したのは、第3章に出てくるドイツの天文学者ヨハネス・ケプラー（1571-1630）です。

エカントのような微調整を嫌ったのが研究をはじめるきっかけだったのに、結果として自分の理論にも微調整をいれざるを得なくなったのは皮肉な話ではあります。このように、コペルニクスは地動説を大幅にレベルアップさせましたが、まだまだ不完全さが目立つものでした。その後、17世紀後半のガリレオ、ケプラー、ニュートンの活躍によって、地動説は盤石の地位を獲得していきます。地動説がいかに天動説を打ち負かしたか、次の章で見ていきましょう。

第３章

天と地を統一したニュートンの大冒険！

レベル：10 **UP!**

ステージ：万有引力の世界

とくぎ：論理的思考

実証 **New!**

そうび：地動説 **New!**

ガリレオの発見

コペルニクスの功績によって地動説が大幅にレベルアップし、天動説と互角に戦えるまでに成長しました。ただし、どちらの説が正しいのか、その決着はこの時点でまだついていません。さらに言えば、天は地上と異なる法則で動いている完全な世界だという認識も、アリストテレスの時代から変わっていませんでした。そんななか、観測データに基づいて天が完全な世界だという認識に疑問符を突きつけたのが、ガリレオ・ガリレイ（１５６４‐１６４２）です。

ガリレオは、コペルニクスの死から21年後に、イタリアのピサという町で生を受けました。時代はルネサンス末期であり、ガリレオが生まれたのと同じ年に、同時代を代表する芸術家ミケランジェロが没しています。ちなみに、イタリアでは偉人をファーストネームで呼ぶ習慣があるため、日本を含む多くの国では、彼をファーストネームでガリレオと呼んでいます。

ルネサンスは時代区分を表す用語としても使われますが、もともとはこの時代に盛り上がった文化運動のことを指します。その意味はフランス語で「復興」です。この時代の人々は、キリスト教の権威的な支配によって停滞した文化を復興し、古代ギリシャ時代のような自由な社会を取り戻すことを願っていました。

ガリレオは父の希望もあって医学を学ぶためにピサ大学に入学したものの、数学や物理学への関心が高まったことから医学の道へは進まず、25歳でピサ大学の数学教授になっています。大学教授になる前から色々な実験を精力的に行っており、数々の重大な発見を成し遂げていきました。

自然科学者としての最も有名な業績の1つが、「重いものほど速く落ちる」というアリストテレスの教えが間違っていることを実験により確かめたことです。ピサの斜塔から鉄球を落として実験したという話が有名ですが、真偽は定かではありません。というのも、垂直に落とす実験では球の動きが速すぎて、正確な計測が難しいのです。

実際は、真鍮《しんちゅう》製の球を斜面に置いて転がす実験をしていたようです。斜面を転がす実験なら動きもそこまで速くないので、正確な計測を行えます。垂直に落とすのと斜面を転がすのでは一見すると異なる運動に見えますが、斜面を転がる動きは、水平方向の移動と垂直方向の移動（落下）の組み合わせと考えることができます。従って、垂直方向の動きだけに着目すれば落下運動になっているのです。

傾きの緩やかな斜面に球を転がすための溝をつくり、そこによく磨かれた真鍮製の球を置きます。手を離すと球が転がり始めるので、一定時間ごとにその位置を記録します。そうして、落下する物体の観測データを集めました。その中で、重い球と軽い球の落下速度が等しいことを発見し、長く信じられてきたアリストテレスの教えが誤りであることに気づいたのです。この「物体の落下速度はその重さによらず等しい」という法則は、今日では「落体《らくたい》の法則」と呼ばれています。

ガリレオはまた、望遠鏡を使った天体観測を世界で初めて行い、天文学の歴史も大きく塗り替えました。

1600年代に入ってすぐに、オランダで望遠鏡の原形のようなものが発明されます。しかし、倍率はせいぜい3〜4倍程度で、貴族の遊び道具として細々と製造されていました。そんななか、この発明品の存在を知ったガリレオは改良に取り掛かり、倍率を9倍に引き上げることに成功します。1609年、彼は改良した望遠鏡をヴェネチアの高官に披露し、その功績によってパドヴァ大学の終身教授の身分を与えられました。その後、さらに改良を重ねて倍率20倍も実現します。

望遠鏡は当初、主に軍事面での利用が期待されていました。望遠鏡を使えば敵船を肉眼よりずっと早く捕捉できます。天文学に革命が起きたのは、ガリレオがそんな望遠鏡を敵船でなく空に向けることを思いついた瞬間です。自分自身で改良した望遠鏡を通して天の世界を覗いたとき、肉眼による観測では分からなかった重要な事実が次々と発見されました。それは、完璧だと思っていた天の世界が不完全であることを示す驚きの証拠だったのです。

暴かれる天の〝秘密〟

天の不完全ポイント①：月の凹凸

１６０９年11月20日のこと、ガリレオはまず、望遠鏡を月に向けました。そして、月の表面に凹凸を発見します。彼は凹凸の様子について、連なる山々に囲まれた円形の広場があると表現しています。これは、現代ではクレーター（月に隕石が衝突してできた月面上の地形）と呼ばれているものについての描写です。ガリレオが残した月のスケッチには、人類史上初めて観測された月のクレーターがはっきりと描かれています（図表３-１）。彼は、この結果を基に月の表面にも地表（地球の表面）と同様に山や谷のような隆起があると結論づけています。

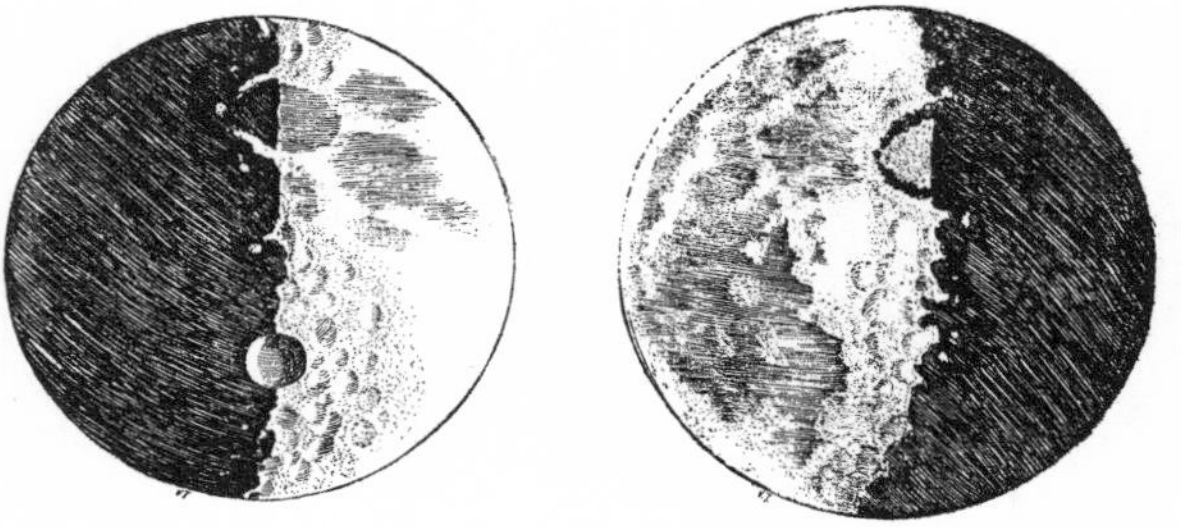

出典：ガリレオ・ガリレイ『星界の報告』よりスケッチの一部を抜粋。

図表３-１　ガリレオによる月のスケッチ

ガリレオはまた、月の山々が太陽の光を受けて影を落としている様子も観察しました。それは地上の日中において山々が影を落とす現象と同じであり、地上と同じことが月でも起きているのだと推測しています。天は特別な世界ではなく、地上と同じことが起きているのだと考えたわけです。

月の凹凸の発見は、当時としては重大な意味を持っていました。というのも、当時の人々は、天は完全な世界なので天体は全て完璧な球体であると信じていたからです。月が完全な球体ではなく、その表面に凹凸があるという観測事実は、当時の人々の信念を揺るがすものでした。

天の不完全ポイント②：太陽の黒点

１６１０年代初期、ガリレオは望遠鏡を使って太陽の観察を行いました。望遠鏡の接眼レンズから少し離れたところに板を置き、その板に白い紙を貼りつけて、紙に投影される太陽の像をスケッチすることで記録をつけています。この方法だと太陽を肉眼で直接見る必要がないので、目を傷める心配がありません。この観測を通して、彼は太陽表面にシミのようなものがあることを発見します。これは現代では黒点と呼ばれているもので、太陽表面にたまたま生じた温度の低い部分が黒く見える現象です。

ガリレオは、日中のほぼ同じ時刻に太陽の像を数十日間にわたって記録し、全ての黒点が太陽表面を同じ方向へ移動していることに気づきました。このことから彼は、太陽が自転していることを発見します。実際に、ガリレオによる太陽表面のスケッチ（図表３-２）を見てみると、黒い斑点のように描かれた黒点が時間の経過とともに少しずつ移動していることが分かります。移動の様子が分かりやすいように、特に大きな黒点に筆者がA、Bというラベルをつけています（ガリレオ自身も黒点ごとにアルファベットの印をつけているのですが、小さくて見えないので改めてラベリングしました）。例えば、バレーボールに小さな黒いシールをいくつか貼り付けて、目の前に置いて反時計回りに回転させてみると、全てのシールが左から右へ動いているように見えるはずです。これと同じことが起きているということです。ちなみに、よく見ると黒点は図の水平方向（真東から真西）より少し斜めに移動していますが、

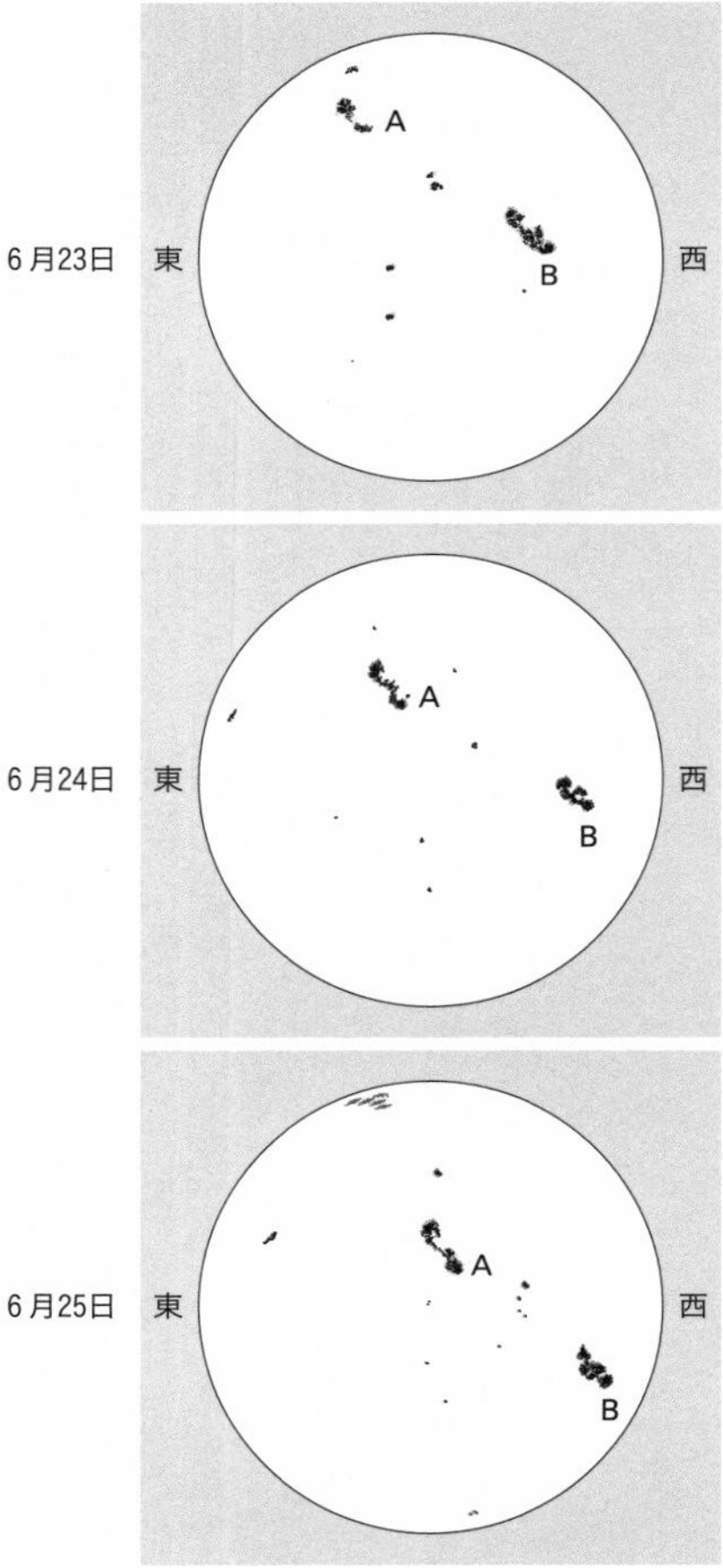

出典：ガリレオ・ガリレイ『Istoria e dimostrazioni』(1613) より筆者が一部改変。

図表3-2　ガリレオによる黒点のスケッチ

これは太陽の自転運動の軸が地球の公転面に対して少し傾いているために、地球から観測するとこのように見えるためです。

数十日にわたる観測から、黒点は1カ月弱で太陽表面を1周していることが分かりました。この発見は、太陽が自転していることを示す重要な証拠の1つです。というのも、単に黒点が移動して見えるという観測結果からだけでは、地球の公転運動によって私たち自身が動いているため、黒点が移動して見えるのだと解釈することもできるからです。しかし、もし仮にそうだとすると、黒点の移動の周期は1年（365日）になるはずです。コペルニクス説を支持していたガリレオは、地球が太陽を365日周期で公転していることは承知していたわけですが、黒点の移動の周期は1カ月弱なので、地球の公転運動では説明できません。そうではなく、太陽が1カ月弱で1回転していると考えれば自然に説明できるわけです。

もはや月だけでなく、太陽ですら黒点というシミのある不完全な天体だということになってしまいました。無敵のモンスター軍団だと思っていたのに、いざ敵地に攻め込んでみると、意外と弱点だらけだったという感じでしょうか。この衝撃的な観測結果には、他の天文学者から反論が寄せられます。ガリレオとほぼ同時期に黒点を発見したクリストフ・シャイナー（1575－1650）は、これを太陽の近くにある惑星か衛星だと主張しました。つまり、太陽の前を惑星か衛星が通過するときに影として見えるのが黒点の正体だと考えたわけです。そう考えれば、太陽は完全な天体のままでいられます。この主張に対しガリレオは、惑星や衛星と違って黒点が不規則な形をしていることや、現れたり消えたりしていることから、これは星ではなく太陽表面で起きている現象なのだと反論しました。

さらにガリレオは、黒点が太陽表面の現象である証拠として、その移動ペースを挙げています。望遠鏡では太陽が円盤として映り、黒点はその円盤上を左から右（西から東）へ移動していくように見えますが、その移動ペースは一定ではありません。円盤の左端から現れたときは動きがゆっくりで、中央付近では速くなり、右端で再びゆっくりになります。ガリレオは、この見かけ上の速さの変化は遠近法によるものだと考えました。先ほどのバレーボールの例で、１つのシールに着目して観察してみたとしましょう。ボールを反時計回りにゆっくり回転させると、シールは左端からゆっくりと現れてきて、中央付近で速くなり、右端に隠れていくときはまたゆっくりに見えるはずです。回転している球体の表面にある模様の動きは、遠近法の影響でこのように見えます。

もしシャイナーが主張するように、黒点が太陽を横切る星の影なのだとしたら、このような見え方はしないはずです。ものすごく強引に考えれば、太陽を横切るときだけ最初は減速し、真ん中あたりで加速し、横切り終わる手前で再び減速するような星が存在し、しかも形が不規則で現れたり消えたりしているのだと想像することもできますが、相当に無理があるでしょう。黒点は太陽表面で起きている何らかの現象なのだと考える方がはるかに自然です。ガリレオは、天の不完全な部分をまた暴いてしまったのでした。

天の不完全ポイント③：新しい星の出現

ガリレオが月や太陽の秘密を暴くより前の１５７２年には、今まで観測されていなかった新しい星が夜空に出現し、人々を驚かせました。これはガリレオの発見ではありませんが、当時の人々の信念を揺るがす出来事だったので紹介したいと思います。というのも、アリストテレスの天文学では、天は完全な世界であり、生成・消滅などの変化は起きないと考えられていたからです。生成・消滅などの変化は月の天球より内側の世界（地上世界）に限られると信じられていたために、当時の天文学者たちは、この星のように見える光は何らかの大気現象なのだと考えました。

しかし、著名な天文学者であったティコ・ブラーエ（１５４６‐１６０１）は、この新しい星を詳しく観測し、時間が経っても周囲の恒星との位置関係が変わらないことに気づきます（図表3‐3）。この観測結果から、新しい星は大気現象ではなく、それより遠くの現象であると主張しました。どういうことかというと、地球は自転しているので、恒星は1日かけて夜空を1周するような見かけ上の動きをします（恒星の日周運動と呼びます）。時間が経っても新しい星と周囲の恒星の位置関係が変わらないということは、新しい星も周囲の恒星と同様に日周運動をしているということを意味します。もし大気現象なのであれば、恒星の日周運動にぴったり合わせて夜空を動いていくことの説明がつきません。ティコは天動説的な宇宙観を持っていたので、恒星の日周運動は（地球の自転ではなく）恒星天の回転によって生じていると考えていました。新しい星が周辺の恒星と同じく恒星天に貼りついているのだと考えれば、一緒に動いていくことを自然と説明できます。こういった考察から、新しい星の出現は大気現象ではなく、それより遠く（恒星天）の現象であると考えたわけです。

ティコの考察は天動説に基づくものではありましたが、大気圏外の現象だという結論は正しいものでした。この現象の正体は、現代では超新星爆発と呼ばれているもので、宇宙の遥か彼方で起きています。宇宙には太陽よりもはるかに大きな星がたくさんあるのですが、それらの星は、寿命を迎えると凄まじい光を放って大爆発します。この現象を地球から観察すると、ある日突然、今まで存在しなかった非常に明るい星が夜空に出現したように見えます。

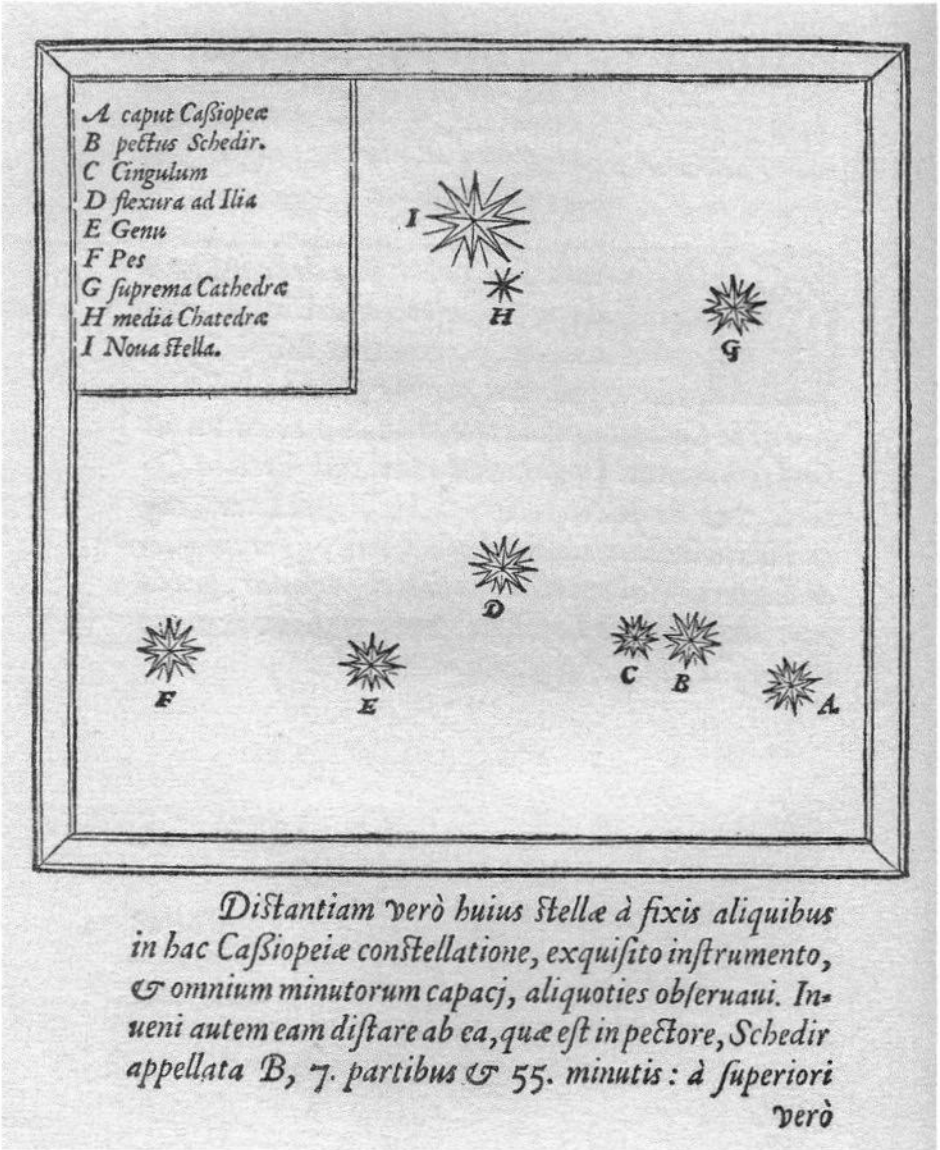

出典：ティコ・ブラーエ『De Stella Nova』（1573）より。

図表３-３　ティコ・ブラーエによる夜空に出現した新しい星（図中のＩ）の観察

そして、その輝きは1～2年ほどの期間にわたって続きます。実際は星の最期に起きる現象なのですが、地球からは新しい星が出現したかのように見えるため、このような名前がついています。

超新星爆発は非常に珍しい現象で、記録に残っている限りではアリストテレスの時代には観測されていません。ですので、アリストテレスがこのような現象を知らなかったとしても無理はないでしょう。新しい星の出現、月の凹凸、太陽の黒いシミ（黒点）といった発見は、天は完全で不変な世界であるというアリストテレスの宇宙観に疑問符を突きつけました。当時の人たちは、「あれ？　天って特別だと思っていたけど、意外とフツーなのかな……」と疑い始めたわけです。

地動説の証拠を発見したガリレオ

ガリレオはまた、望遠鏡を使った天体観測によって地動説の証拠を発見します。ここからはガリレオが実際にどんな証拠を見つけたのか、1つずつ見ていきましょう。

地動説の証拠①：木星の衛星

１６１０年１月７日、木星に望遠鏡を向けていたガリレオは、それまで発見されていなかった３つの星の存在に気づきます。当初、ガリレオはそれを未発見の恒星だと思っていました。しかし、数日間かけて観測を続けていくと、それらの星が奇妙な動きをしていることに気づきます。どんな動きかというと、１月７日の時点で、それらのうち２つは木星の東側（望遠鏡で見ると木星の左側）、１つは西側（右側）に見えていました。それが次の日には３つとも木星の西側に見え、１月10日には東側に２つだけしか見えなくなりました。そして１月13日には、星が４つに増えていたのです。

このような動きは、明らかに恒星のそれとは違いました。恒星は季節によって見える方角は変わっていきますが、ほかの恒星との相対的な位置関係は変わりません（実際は年周視差の影響でほんの僅かだけ変わりますが、肉眼やガリレオの時代の望遠鏡では判別できません）。だからこそ、星座は見える方角は変わっても形は変わらないのです。しかし、これらの星はわずか数日の間に木星の周辺を行ったり来たりするような動きをしていたわけです。

ガリレオは、これら４つの星は木星の周りを公転しているのだと結論づけました。そう考えれば、これらの星が木星周辺で日ごとに位置を変えていくのも、見える個数が変わっていくのも説明がつくからです（木星の裏側に回っているときは見えなくなる）。このときガリレオが発見したのは木星の衛星で、現代ではイオ、エウロパ、ガニメデ、カリストと呼ばれています。史上初めて、月以外の衛星が発見されたのです。

この発見は、地動説を支持する証拠の1つになりました。というのも、第2章で説明しました、地動説に対する反論として「もし地球が動いていたら、月や鳥や私たちは放り出されてしまうはず」というものがあったのを覚えていますでしょうか（63ページ参照）。地動説と天動説は地球が動いているか否かという点では見解が異なりますが、どちらも木星は動いていると考えます。ところが、ガリレオの観察では4つの衛星は振り落とされることなく木星の周りを公転していました。つまり、この時点ではまだ仕組みまでは分かっていませんでしたが、たとえ地球が動いていても、木星の衛星が振り落とされないのと同じメカニズムで月は振り落とされずに済むのだと推測することができたのです。そのメカニズムこそが、ニュートンが発見した万有引力なのですが、それは少し後で説明します。

地動説の証拠②：形の分からない恒星

ガリレオは、火星や木星などの惑星を望遠鏡で観察し、それが月のように丸い形をしていることも発見します。肉眼では光の点にしか見えなかったものが、望遠鏡で拡大することで形まで見えるようになったわけです。一方で、恒星に望遠鏡を向けても、あいかわらずそれは光の点にしか見えず、丸い形は確認できませんでした。このことから彼は、恒星は惑星よりずっと遠くにあるために形が確認できないのだと考えました。

恒星がずっと遠くにあるのだとすれば、第2章で説明した「恒星の年周視差（地球が動くことで恒星の見える位置が変わっていく現象。64ページ参照）を観測できない」という天動説を支持する根拠が1つ崩れることになります。恒星がはるか遠くにあれば、地球が動いていても年周視差は（当時の観測精度では）捉えられないため、年周視差が観測できないことを理由に地動説を攻撃することはできなくなるのです。

地動説の証拠③：金星の満ち欠け

1610年9月、ガリレオは望遠鏡を金星に向け、金星が月と同じように満ち欠けしていることを発見します。ただ特徴的だったのは、月が満ち欠けしながらも常に同じ大きさに見えるのに対し、金星は見かけの大きさが変わっていくという点でした。図表3‐4は、ガリレオによる金星の観察記録です。このスケッチから分かるように、金星は〝三日月〟状のと

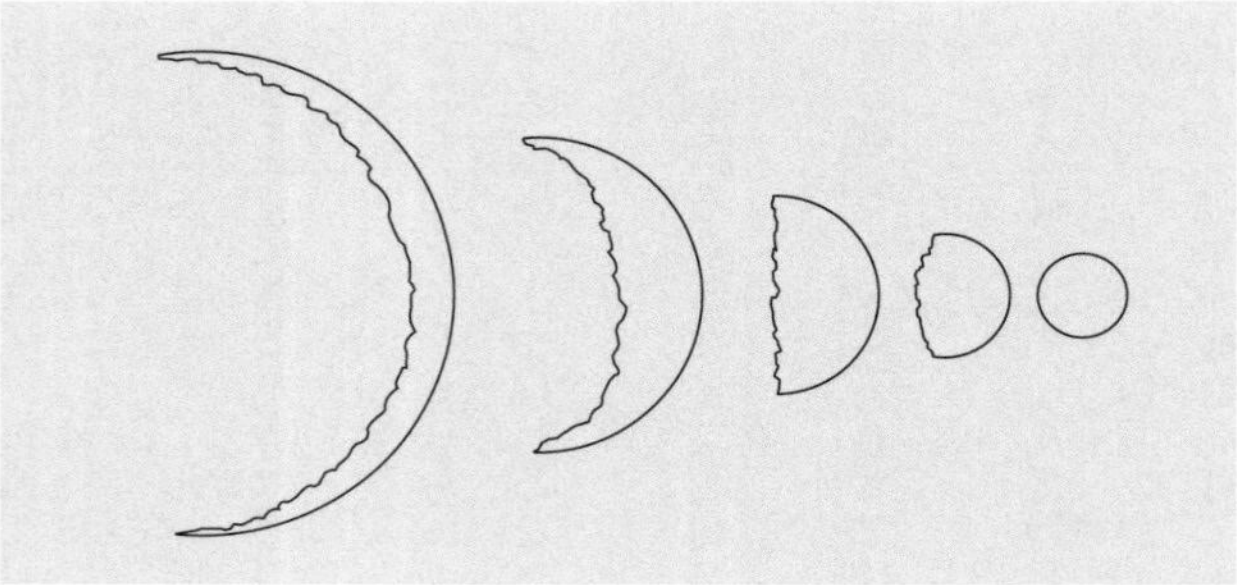
出典：ガリレオ・ガリレイ『Il Saggiatore』(1623) より。

図表3-4　ガリレオによる金星の満ち欠け

きは大きく、〝満月〟に近い形のときは小さく見えます。

満ち欠けの理由については、月を考えると分かりやすいでしょう。月が満ち欠けする理由は、太陽に照らされている面だけしか地球から見ることができないからです。月はそれ自体では光を出していないので、太陽の光がなければ宇宙の闇に紛れて地球から見ることはできないはずなのです。しかし、実際は太陽の側を向いている面については太陽光を反射することで光っているため、地球から見ることができます。つまり、私たちが夜空を見上げたときに見ることができるお月様は、実は月の「昼」の部分だけの姿なのです。満月の夜は、太陽の光が当たっている面、つまり「昼」の面が地球を向いているので、まんまるお月様に見えます。何日か経つと夜空に三日月が現れますが、これは月、地球、太陽の位置関係が変わったために、月の「昼」の面が一部分しか見えなくなった状態です。

実は、金星でも同じようなことが起きています。つまり、金星も太陽の光を反射することで光るわけですが、金星、地球、太陽の位置関係が変わっていくために、地球から観測すると金星にも満ち欠けが生じます。ただし、月が1カ月弱で地球を1周するのに対し、金星は225日で太陽を1周するという周期の違いがあるため、満ち欠けの周期は月が約1ヶ月に対し、金星は約1年7ヵ月になります（地球の公転によって地球自体の位置も変わっていくので、225日よりも長い周期になります）。

金星の満ち欠けと大きさの変化は、地動説に基づけば簡単に説明できます。コペルニクスの地動説によると、地球も金星も太陽の周りを公転していますが、地球より太陽に近い金星の方が速いペースで1回転します。つまり、公転のペース（公転周期）が違うために金星と地球の位置関係は時期によって変わってきます。地球からの見え方がどのように変わるのかを、図表3-5に示しました。地球から最も遠い位置付近にあるときは、金星の「昼」の面が地球側を向いているため満月状に見えますが、このときは距離が遠いため金星は小さく見えます。ただし、図表3-5を見ると分かるように、金星がちょうど満月になっているとき

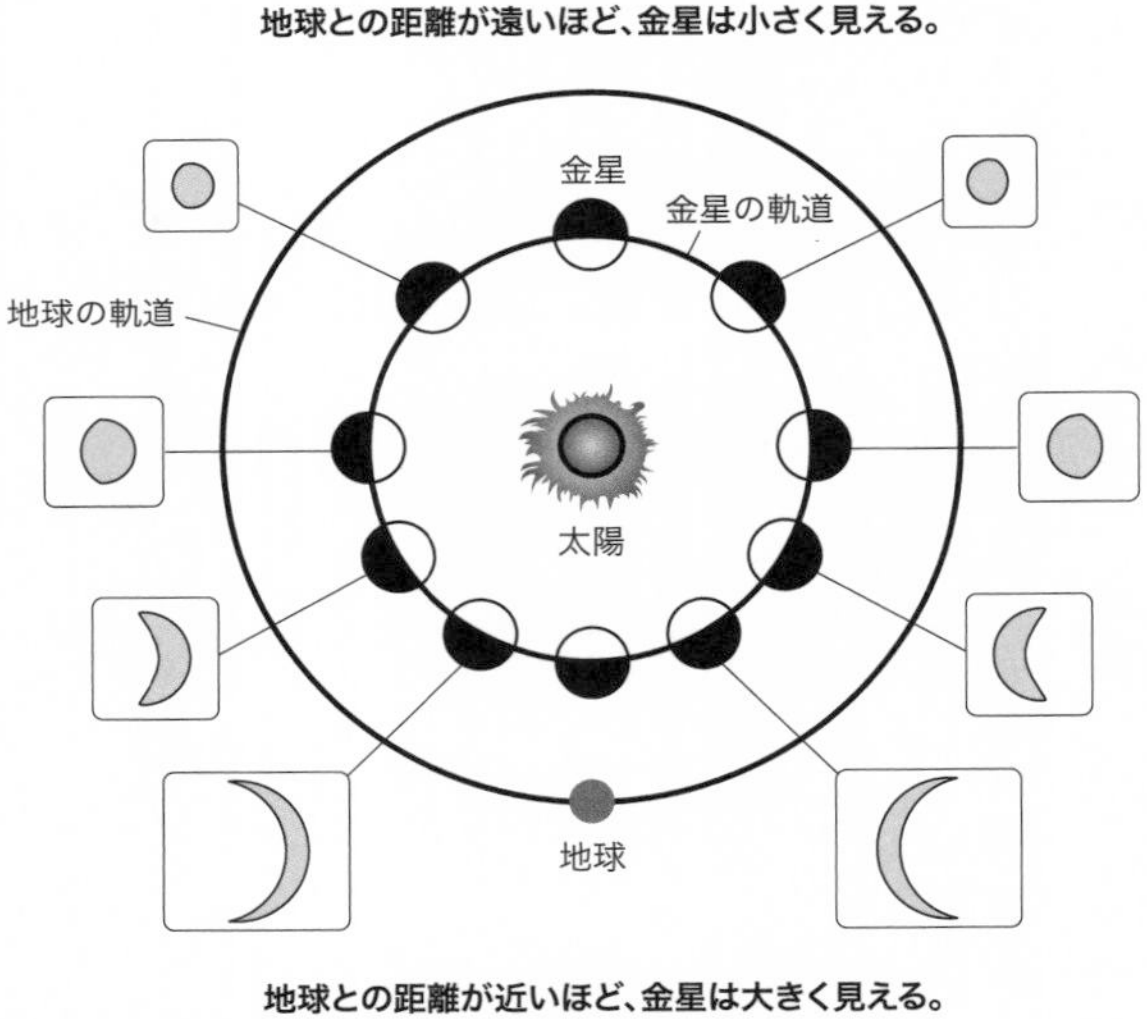
地球との距離が遠いほど、金星は小さく見える。
金星
金星の軌道
地球の軌道
太陽
地球
地球との距離が近いほど、金星は大きく見える。

図表3-5　金星の位置と地球からの見え方の関係

は金星と地球の間に太陽があり、太陽の光に隠れてしまうため、望遠鏡で金星を見ることはできません。

このように、金星‐太陽‐地球の順で一直線に並んだ状態は「外合《がいごう》」と呼ばれます。外合の時期は金星を観測できないので、実際のところガリレオは外合の前後の金星が夜見えるタイミング、つまり「ほぼ」満月のときを観測しました。月の場合、満月になる前の少し欠けた状態を「十三夜月《じゅうさんやづき》」と呼ぶそうなので、十三夜月状の金星を観測したということですね。

一方、金星が地球に接近してくると、太陽との位置関係が変わり、金星の

「夜」の面が地球側に向いてきます。「夜」の面は暗くて見ることができないので、このときの金星は三日月状に見えます。地球からの距離が近いのでかなり大きくも見えます。そして、太陽‐金星‐地球の順で一直線に並んだときは金星の夜の面が完全に地球側を向くので全く見えなくなります。月でいえば「新月」の状態ですね。つまり、地動説に基づいて考えれば、金星の満ち欠けと大きさの変化を説明できるのです。

　金星の満ち欠け自体は、プトレマイオスの説（天動説）でも起こりうる話です。しかし、プトレマイオスの説では金星が十三夜月状に見えることはあり得ないので、ガリレオの観測結果はプトレマイオスの説に不利な証拠となります。

　どういうことか詳しく説明すると、プトレマイオスの説では、地球が宇宙の中心で静止していて、その周りを地球から近い順に月、水星、金星、太陽、火星、木星、土星が公転していると考えます。そして、金星は夜明け前（太陽が東から昇ってくる直前）は東の空に「明けの明星」として現れ、日没後（太陽が西に沈んだ直後）は西の空に「宵の明星」として現れることから分かるように、常に太陽と同じ方角に現れます。プトレマイオスの説では、これを説明するために、金星が地球から見て常に太陽と同じ方角に位置するように動いていくのだと考えます。つまり、プトレマイオスの説では、金星は常に地球と太陽に挟まれた位置に

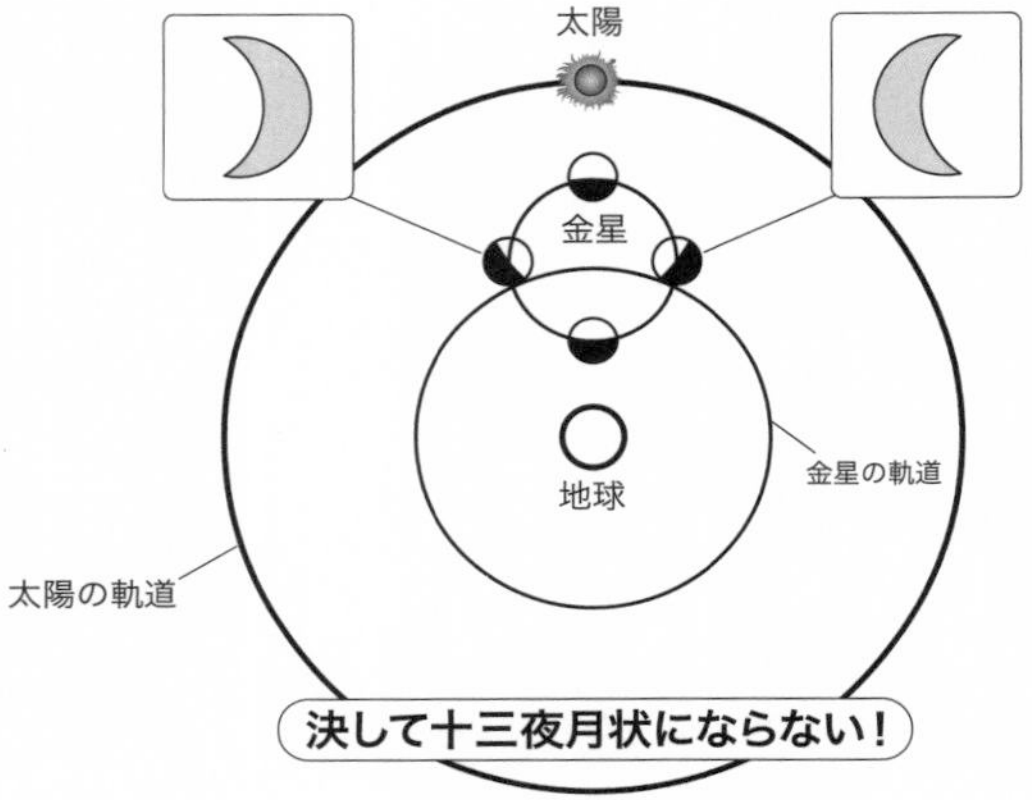

図表3-6　金星の見え方を天動説で説明すると……

あるのです。

そのことを踏まえて、プトレマイオス説（天動説）における金星の満ち欠けの状況を図表3-6で考えてみましょう。この図を見ると分かるように、プトレマイオス説では、地球を向いているのは常に過半が金星の夜の側なので、金星が十三夜月状に見えることはありえません。ところが、ガリレオの観測によると、金星が十三夜月状に見えることが確認されているので、プトレマイオスの説に誤りがあるということになります。

木星の衛星や恒星の観測結果は地動説を間接的に支持するものでしたが、金星の満ち欠けは地動説を有利にする直接的な証拠でした。このようにガリレオは、観測に基づいて地動説に有利な証拠を示したのです。しかし、これで地動説が完全勝利というわけではありません。ガリレオの観測結果は驚くべきものでしたが、ガリレオ自身は、木星の衛星が振り落とされずにすむメカニズムについては説明することができませんでした。このメカニズムの解明を成し遂げたのがケプラーと、のちに出てくるニュートンです。

惑星運動の法則を発見したケプラー

ヨハネス・ケプラーはドイツの天文学者で、惑星の公転軌道が円ではなく楕円であることを初めて突き止めた人物です。その発見を支えたのは、当時最高の天文学者の１人とされていたティコ・ブラーエとの出会いでした。そのきっかけとなったのは、ケプラーが１５９６年に出版した『宇宙の神秘』という本です。この本の中でケプラーは、コペルニクスの説（地動説）を全面的に支持します。ただし、本の内容は現代の感覚からすると怪しいもので、コペルニクスの説における惑星の配置や距離関係には、正多面体に関する神秘的な法則が隠されていると主張する内容でした。このような発想は、正多面体が宇宙の根源的な法則を表しているというプラトンの思想から影響を受けたものと考えられます。本の内容はともかくとして、ティコはケプラーの著書を読んで興味を持ち、そこから2人の文通が始まりました。ティコはケプラーを気に入り、１６００年にケプラーを助手として迎え入れました。この時、ティコは53歳、ケプラーは28歳です。ケプラーはさっそくティコの持っていた観測データの研究に取り掛かり、火星の動きに関するデータがプトレマイオス説（天動説）による予想とずれていることを見つけます。ケプラーが手始めに火星のデータを調べたのは、他の惑星と比べて動きの研究がしやすいからです。宵や明け方の短い時間にしか現れない水星や金星と違って火星は夜間に見ることができますし、木星や土星と比べて動きが速い（おおよそ火星は地球時間で2年、木星は12年、土星は29年で太陽のまわりを1周する）ため調べやすいのです。

助手となってすぐに頭角を現したケプラー。わずか1年後の１６０１年にティコが亡くなると、遺言によりケプラーが膨大な研究データを引き継ぐことになります。ティコは望遠鏡が発明される数年前に亡くなったので、天体観測は全て肉眼によるものでした。しかし、その観測データの正確さと分量によって当時すでに不動の名声を築いており、このデータが後にケプラーの大発見につながっていきます。ティコは神聖ローマ帝国の宮廷占星術師だったのですが、ケプラーはその役職を引き継ぐことになり、俸給《ほうきゅう》を受けながら天文学の研究を続けることができました。

楕円としか考えられない！

ケプラーは、ティコの残した火星の動きのデータを精査し、コペルニクスの理論（地動説）に基づく予想との間にもずれがあることに気づきます。ケプラーはコペルニクスを支持していたので、コペルニクスの理論に補正を加えることでデータをうまく説明しようと試みました。しかし、どうやってもうまく合わず、ついには重要な洞察に至ります。アリストテレスの時代以降、惑星の軌道は円形だと信じられてきましたが、ティコの正確なデータを説明するために、その大前提を捨てて惑星の軌道は楕円だと考えたのです。

さらに、太陽が楕円軌道の焦点と呼ばれる位置にあることも分かりました。図表３‐７は彼による太陽系のモデルを簡単に示したものです。焦点とは、楕円を描くときの基準となる2つの点のことです。より具体的には、ある2点（焦点）を決めた上で、その2点からの距離の合計が等しい点を結ぶと楕円が出来上がります。この考え方は、円の描き方を応用したものと考えると分かりやすいでしょう。ある1点を決め、そこから等しい距離にある点を結

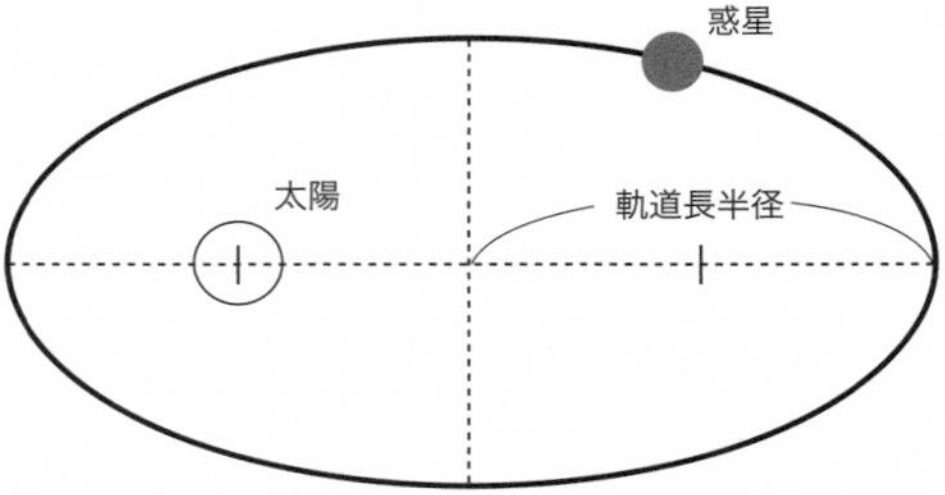

図表3-7　ケプラーの第一法則

べば円を描くことができます。楕円の場合は点が2つ必要で、それを焦点と呼ぶわけです。太陽は、楕円軌道の2つの焦点のうち一方の位置にあります（実際の惑星の軌道は図表3-7よりもずっと円形に近いですが、分かりやすさを重視して極端な楕円形で描いています）。以上をまとめると、「惑星の軌道は楕円であり、太陽はその一方の焦点に位置している」という法則が見えてきます。これを「ケプラーの第一法則（または、楕円軌道の法則）」と呼びます。

　惑星の軌道が楕円であるという結論は、アリストテレスの時代から信じられてきた天球の存在を否定するものでもありました。ボールにマジックなどで星マークをつけて一定速度でボールを回転させると、その星マークは円を描いて動きます。これと同じ原理で、天動説では天球が回転することによって惑星が円を描いて動くのだと考えます。ここで補足ですが、天動説の完成形であるプトレマイオス説においては、従円と周転円の組み合わせで惑星の動きを説明するので、惑星の軌道は結果として単純な円形ではなくなります。それでもプトレマイオスは、周転円が丁度すっぽり入るくらいの厚みがある透明な天球に惑星が埋め込まれていると考えていました。つまり、天球が回転する動き（従円）と、天球の厚みの範囲で惑星が運動する動き（周転円）の組み合わせによって惑星の動きを説明していたわけです。

しかし、天球の回転によって楕円の軌道を作ることは不可能です。楕円形の天球を考えればいいではないかと思うかもしれませんが、そういうわけにはいきません。例えば、ラグビーボールにマジックで星マークを描いてボールを回転させたとすると、どの方向に回転させても星マークが描く軌道は円形になります。ラグビーボールに限らず、どんな形の立体を回転させたとしても、その上の印が描く軌道は楕円にはならないのです。つまり、天球の回転によって惑星の動きを説明するというコンセプト自体を捨てざるを得ません。

このことからケプラーは、惑星は天球に貼りついているのではなく、何もない空間を運動しているのだと考えました。そうすると、天球に代わって惑星を動かすメカニズムの説明が必要になりますが、彼は、太陽と惑星の間には磁力のような見えない力が働いていて、それによって惑星が動いているのだと考えました。その見えない力については、のちのニュートンによって「万有引力」という形で定式化されます。

どうやら速さも違う！

ケプラーは研究を続け、惑星が一定速度で動いているわけではないことも発見します。この発見も、天動説の大前提を覆すものでした。というのも、アリストテレスからプトレマイオスに至る天動説の宇宙観では、太陽や惑星が地球の周りを一定速度で公転していると考えていたからです。

第2章で説明したように、太陽が完全な円形の軌道上を一定速度で動いているならば季節の長さ（春分・夏至・秋分・冬至の間隔）は同じになるはずですが、実際には異なります。この季節の長さの違いを説明するために、プトレマイオスはエカントという補正を導入したのでした。しかし、ケプラーの発見によって、季節の長さが違う正確な理由が明らかになります。地球を含む惑星の軌道が楕円であり、しかも移動する速度が変化しているために季節の長さが異なるというのが真相だったのです。

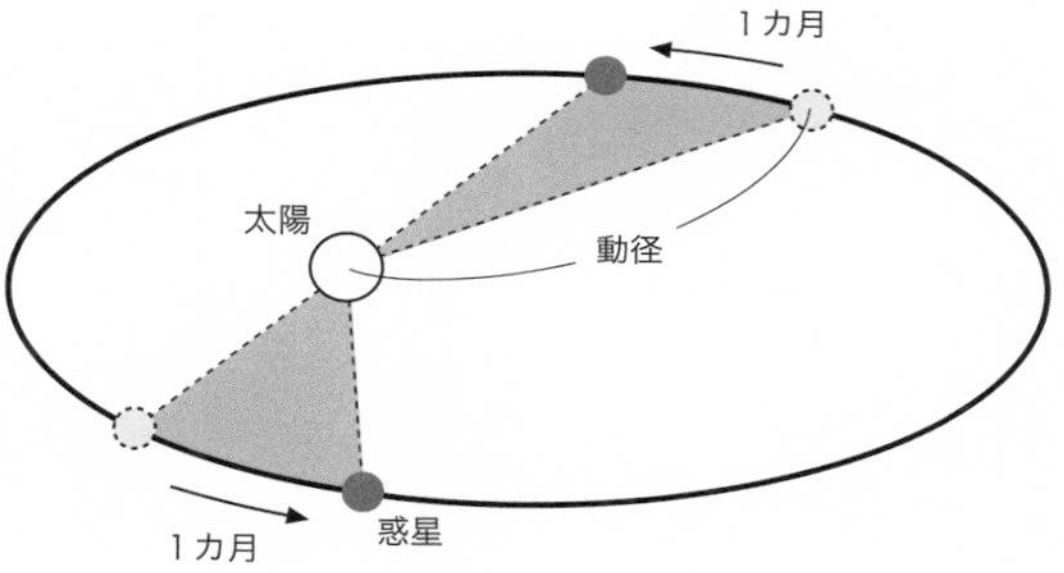

図表3-8　ケプラーの第二法則

より具体的には、惑星は太陽に近いときは速く、遠いときは遅く動きます。フィギュアスケート選手がスピンをするとき、腕を伸ばしてゆっくり回転している状態から腕を縮めると回転が速くなりますね。腕を惑星だと考えるとイメージしやすいと思います。ケプラーは、惑星の移動速度が従う正確な法則も突き止めました。図表３－８は、惑星の移動速度がどのように変わるかを説明した模式図です。太陽と惑星を結ぶ線分を動径と呼びますが、この動径が一定時間に描く面積が常に同じになるというのが、ケプラーが発見した法則です。図中では動径が描いた面積を塗りつぶしてありますが、一定時間（例えば１ヵ月間）に塗りつぶされる面積は、惑星がどの位置にいても常に同じになります。太陽から離れているときは動径が長いため、少し動いただけでもたくさんの面積が塗られることになりますが、このとき惑星はゆっくり動いています。一方、太陽に近いときは動径が短いため、同じ面積を塗るためにはたくさん動かなければなりませんが、このとき惑星は速く動いています。結果として、一定時間に塗られる面積は常に同じになります。このように、動径が一定時間に描く面積が常に同じになるという法則は「ケプラーの第二法則（または、面積速度一定の法則）」と呼ばれます。

遠くなるほど時間がかかる！

第一法則、第二法則の発見から少したって、ケプラーは惑星の運動に関する３番目の法則を発見します。それは、太陽系の惑星を比べた時、太陽から遠いほど一周するのに時間がかかるという法則です。実際に、公転の周期は太陽から近い順に水星：88日、金星：２２５日、地球：３６５日、火星：６８７日、木星：12年、土星：29年となっています。この３番目の法則を正確に言い表すと少しややこしいのですが、「公転周期の２乗は、軌道長半径（図表３-７参照、１０６ページ）の３乗に比例する」となります。２乗や３乗が出てきて分かりづらいですが、要は軌道長半径が大きくなる（太陽から遠くなる）につれて公転周期も長くな

ケプラーの法則	詳細	要するに	物理史における意義
第一法則	惑星の軌道は楕円で、太陽は一方の焦点に位置する	惑星の軌道は円形ではなかった！	惑星は円形の軌道を一定のペースで移動しているという当時の定説を覆した
第二法則	惑星の面積速度は一定である	惑星の移動速度そのものは変化する	
第三法則	公転周期の２乗は軌道長半径の３乗に比例する	太陽から遠い惑星ほど公転周期は長い	太陽からの距離と公転周期の正確な関係が明らかになった

図表３-９　ケプラーの法則のまとめ

るということを意味していて、「ケプラーの第三法則（または、調和の法則）」と呼ばれています。第三法則によって、太陽からの距離と公転周期の正確な関係性が明らかとなったのです。

１６０９年、ケプラーは『新天文学』と名づけた著作において第一法則と第二法則を発表しました。その後の１６１９年には『宇宙の調和』という本を出版し、そこでケプラーの第三法則を発表します。この２冊の著作によって、ケプラーの法則が世に知られることとなったのです。少し説明が長くなったので、ここで改めてケプラーの法則の概要を表にまとめておきます（図表３-９）。

コペルニクスは惑星の軌道が円形だと考えていたため、コペルニクスによる惑星の動きの予測精度は天動説とそこまで変わりませんでした。しかし、ケプラーの法則が発見されたことによって、地動説は天動説よりはるかに正確に惑星の動きを予測できるようになります。天動説との戦いになかなか決着がつかなかったところ、ケプラーの法則という聖剣を手に入れて一気に形勢有利となりました。補足ですが、ケプラーの法則は惑星の運動を研究することで発見されたものですが、衛星にも当てはめることができます。例えば、木星とその衛星、地球と月、あるいは地球と人工衛星の間でもケプラーの法則が成り立ちます。

ニュートン、ついに天と地を手に入れる

ケプラーの法則という聖剣を手に入れて有利になった地動説ですが、アイザック・ニュートンの登場によって、ついに因縁の戦いに決着がつきます。

ニュートンは、ガリレオの死からちょうど1年ほど経った頃にイングランド東部のウールスソープという村に生を受けました。生まれたときには父がすでに他界しており、さらにニュートンが3歳のときに母が再婚して彼のもとを離れたため、ニュートンは両親の愛情を知らないまま祖母に養育されることとなりました。

ニュートンが14歳のときに母の再婚相手が死去すると、母は家に戻ってきてニュートンに

農業をやらせようとしました。しかし、ニュートンが農作業をほったらかして読書や水車づくりに熱中していたため、農業をやらせることをあきらめて学問の道に進ませることにします。そしてニュートンは、受験勉強の末にケンブリッジ大学へ進学します。決して裕福ではなかった彼は、雑務をする代わりに学費を免除される「サイザー」という身分で入学することになりました。

ケンブリッジ大学では、ニュートンが才能を開花させるきっかけとなる2つの出来事が起こります。1つ目は恩師アイザック・バローとの出会いです（ニュートンとたまたま同じファーストネームですが、アイザックという名前は旧約聖書に登場する人物名にちなんでおり、英語圏ではありふれています）。バローはニュートンの才能を見抜き手厚く面倒を見てくれた上に、奨学金を得られるよう世話をしてくれました。そして2つ目は、ペストの大流行です。その頃ロンドンではペストが大流行していて、ケンブリッジ大学も閉鎖されることになりました。大学で雑務に追われていたニュートンは故郷のウールスソープへ戻り、膨大な自由時間を得ることになります。奨学金によって金銭的な心配からも解放されていたことから、ニュートンは憂いなく研究に没頭することができました。そして、この18ヵ月間にわたる長期休暇の間に思う存分研究に没頭できたことが、のちの人類史に残る偉大な業績につながったと言わ

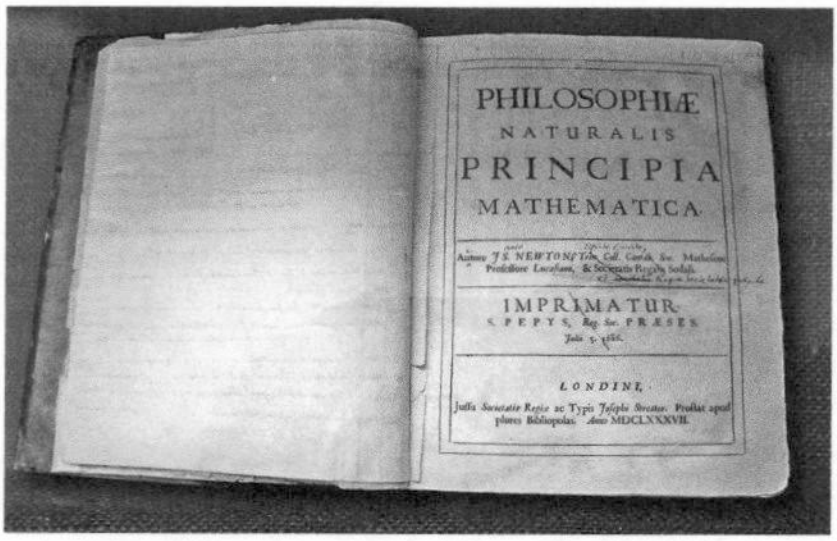

出典：Photo by ©Andrew Dunn (2004) is licensed underCC BY-SA 2.0 (https://commons.wikimedia.org/wiki/File:NewtonsPrincipia.jpg)

図表３-１０　『プリンキピア』

れています。

ニュートンは様々な分野で顕著な業績を残していますが、その中でも特に重要な３つの業績については「ニュートンの三大業績」と呼ばれています。そのうち１つは光学に関するもので、２つめは微分積分の計算を確立したことです。そして３つ目は、万有引力の発見です。本書では、物理学に革命を起こした万有引力の発見について説明していきたいと思います。

若きニュートンが活躍した頃の時代背景を考えると、当時はまだアリストテレスの宇宙観が支配的で、天の法則は地上の法則とは別物だと多くの人が信じていました。一方、ガリレオによる月の凹凸の発見などによって、天を特別視する考え方は少しずつ揺らいでもいました。ガリレオは、月の山々が影を落としているのを見て地上と同じことが起きているのだと推測しましたが、そういったところからも、天と地上は全く別法則で動いているという考え方が崩れつつあったのです。ニュートンが提唱した万有引力は、天が特別な存在ではなく、地上と同じ法則で動いていることを示す画期的なものでした。ニュートンがどのように万有引力の考えにいたったか、順を追って説明したいと思います。

１６８７年、42歳のときにニュートンは、後に物理学史上最も重要な書籍と呼ばれることになる『プリンキピア』を出版しました（図表３‐10）。この本の目的は万有引力の存在を立証することにありましたが、その目的のために彼はまず運動の法則についてまとめています。

ニュートンは、全ての物体は次の３つの運動法則に従うとしました。

第一法則（慣性の法則）：物体は外から力が加わらない限り、同じ速さで直線的に動き続ける
第二法則（運動方程式）：物体に力を加えた時の加速度は質量に反比例する
第三法則（作用・反作用の法則）：物体Ａが物体Ｂに力を及ぼした時、物体Ａは物体Ｂから同じ大きさで反対向きの力を受ける

第一・第二法則は単独の物体に関するもので、第三法則は２つの物体に関するものです。

これらは、いずれも万有引力について理解する上で重要なのですが、まずは第一法則について説明したいと思います。その後、第二・第三法則についても万有引力の説明をしていく流れの中で解説していきたいと思います。

慣性の法則

第一法則は、物体に何の力も加わっていないとき、その物体の運動がどうなるかを示したものです。「同じ速さ」というのは、速さがゼロのとき、つまり静止しているときも含みます。もともと静止している物体は、力が加わらない限り静止し続けます。これは当たり前で、急に動き出したらポルターガイストになってしまいますね。では、動いている物体の場合はどうなるかというと、力が加わらない限りは同じ速さで直線的な運動を続けます。

どういうことかというと、静止している物体（速さ0）を動かしたいときは、手で押すなどして力を加えなければなりません。逆に、動いている物体を止めようとするなら、手で押さえるなどして力を加える必要があります。このように、物体の速さを変化させるためには外から力を加える必要があるのです。さらに言えば、運動の方向を変えたいときも、外から力を加える必要があります。ダンジョン探検中に足が罠にかかって動けなくなり、さらに前方から鉄球が転がってきたとしましょう。ぶつかって怪我をしたくなければ、手で押さえるなどして止めてしまうか、さもなくば鉄球の横から力を加えて軌道を逸らしたりするでしょう。つまり、物体の運動の方向を変えたければ、外から力を加える必要があります。

ニュートンはこのような経験を一般化して、運動している物体の速さや方向が変化するのは、外から力が加わった時だけだと言っているのです。言い方を変えると、全ての物体は、外から力が加わらない限り、それまでの運動の状態（速さと方向）を維持し続けるということです。速さと方向を維持し続けるとは、より明確に言えば加減速したり曲がったりせずに一定の速さで直線的に進むということです。これを簡潔に表現すると「物体は、外から力が加わらない限り同じ速さで直線的に動き続ける」という第一法則になります。このように、同じ速さで直線的に動き続ける運動のことを等速直線運動と呼びます。従って第一法則は、「物体は、外から力が加わらない限り等速直線運動を続ける」と表現することもできます。

外から力が加わらない限り現状を維持し続けるというのは、テレビゲームをやっている子供たちを想像すると分かりやすいかもしれません。親がゲーム機のコンセントを引き抜くなどといった外部からの強制的な力が加わらない限り、子供たちは永遠にゲームを続けてしまいます。このように、同じ状態を維持し続けようとする性質のことを惰性《だせい》と呼びます。同じ意味で慣性という言葉もあり、物理学では慣性の方を使います。というわけで、運動の第一法則は、別名で慣性の法則とも呼ばれます。

慣性の法則は、こうやって整理された形で提示されるとナルホドと思いますが、気づくのはなかなか難しいものです。というのも、私たちが暮らしている日常では、ずっと止まらずに運動し続ける物体を見る機会は皆無と言っていいからです。しかし、日常で見かける物体は全て、何らかの形で力が働いているから速さが変化しているのです。例えば、ボールを地面に転がすと次第に減速していつか止まりますが、それは地面との接触によって摩擦力が働くからです。

慣性の法則はニュートン独自のアイデアというわけではなく、その原形ともいうべき考え方がガリレオによって提案されていました。ただしガリレオは、力が加わっていない物体は直線状に進むのではなく円運動をすると考えていました。ガリレオの著書『天文対話』では、慣性の法則について次のように論証されています。

まず、完全に丸い球を滑らかなU字型の斜面の上に置きます（図表3－11）。すると球は斜面を転がっていき、底に達すると今度は反対側の斜面を登り始め、もともと置かれていた位

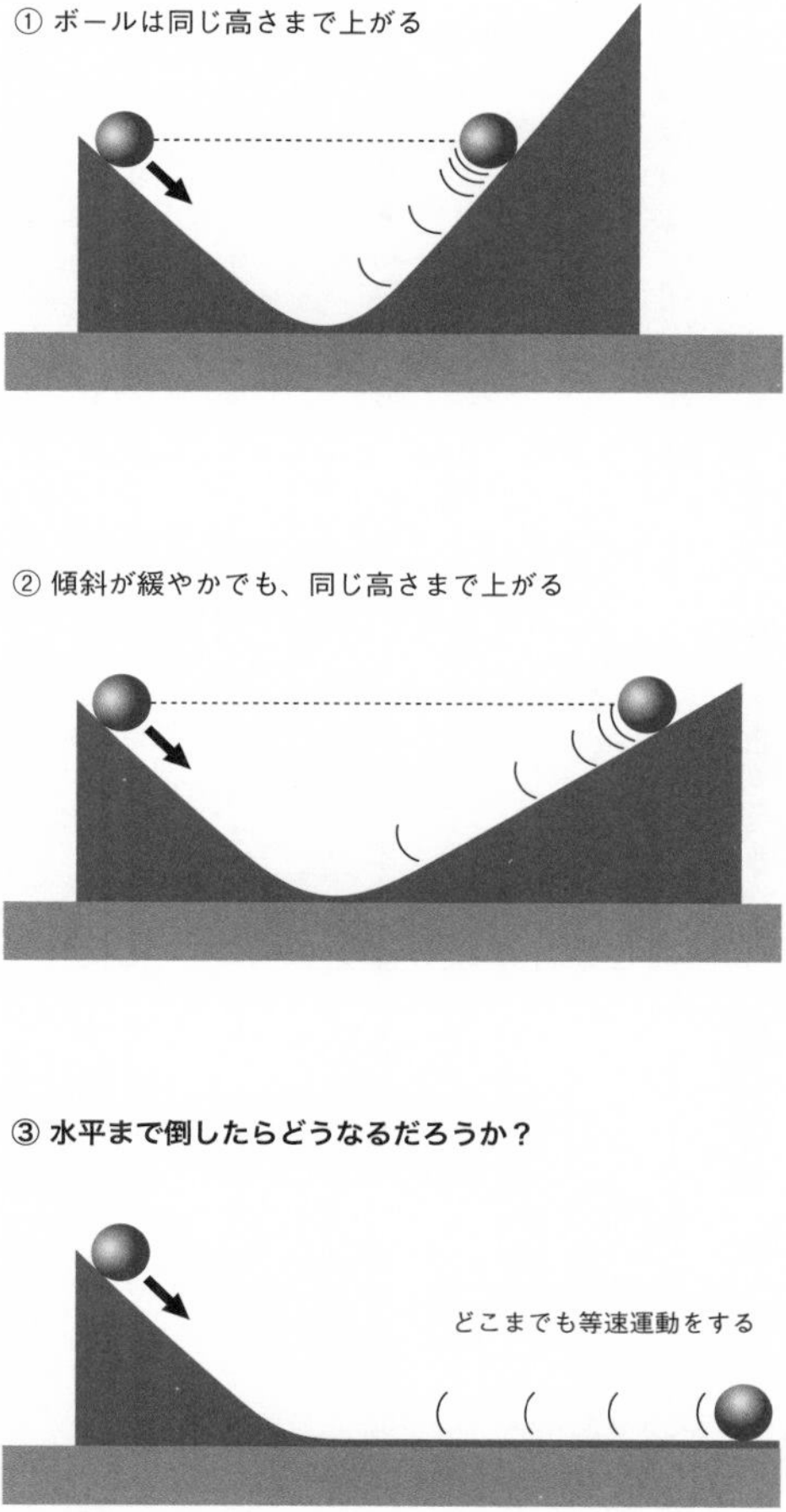
① ボールは同じ高さまで上がる
② 傾斜が緩やかでも、同じ高さまで上がる
③ 水平まで倒したらどうなるだろうか？
どこまでも等速運動をする

図表３-11　ガリレオの思考実験

置と同じ高さまで登った後にまた下降を始めます。ここで、反対側の斜面の傾斜を緩やかにしてみましょう。球は以前と同様に、もともと置かれていた位置と同じ高さまで登った後に下降を始めますが、反対側の斜面が緩やかになっているので、下降を始めるまでに斜面を移動した距離は伸びています。反対側の斜面をさらに緩やかにすると、同じ理由で移動距離は伸びていきます。では、反対側の斜面の傾斜をゼロにしたらどうなるでしょうか？　球はどこまで行っても初めに置かれていた位置と同じ高さに達することはないので、永遠に運動を続けるはずです。

このような巧みな思考実験によって、ガリレオは慣性の法則の存在を主張しました。ただし、ガリレオはあくまで地球上の運動としてこのような議論を展開しています。ガリレオの時代、地球が球形であることは既に広く知られていました。そのため彼は、このような水平運動は地球という巨大な円周の一部だと思っていたのです。このような考察から、ガリレオは力が働いていない物体は非常に大きな円を描いて動くのだと考えました。

ガリレオがこのように考えたのは、惑星の運動と地上の運動を統一的に説明したいという野心があったためです。ガリレオは、惑星が円形の軌道を描いて公転していることから、円運動こそが本来的な運動の姿だと考えていました。そこで彼は、力が加わらない限り物体は円運動をするのだと考えることで、天上と同じく地上においても円運動が本来的な運動の姿であり、従って天上の物体と地上の物体を区別する必要はないのだと主張しました。

このガリレオの考え方は、慣性という概念を導入した点で物理学史上の大きな功績ではありますが、力が加わっていないときの物体が円運動をするという点については誤っていました（実際には直線運動をします）。慣性の法則についてはその後も議論が続き、近世哲学の祖といわれるルネ・デカルト（１５９６‐１６５０）によって初めて正確な形で表現されることになります。デカルトは、慣性の法則を万物が従う基本法則の１つと位置づけ、力が加わっていない物体は円運動ではなく直線運動をするとしました。その上で彼は、回転している物体には回転の中心へ向かう力が働いており、その力のおかげで遠ざかることがないのだと考えました。

ニュートンは、こういった先人たちの議論を整理した上で、運動の法則を正確な形で表現しました。慣性の法則については既に説明したように、何も力が加わっていない物体は同じ速さで（ガリレオの言う円運動ではなく）直線的に動き続けるというのが正確な理解です。

ガリレオが教えてくれた万有引力の秘密

ここからは天体の話に戻ります。少し前に説明したように、ケプラーが楕円軌道を見出したことによって、惑星は天球に貼りついているのではなく何もない空間を運動しているのだと考えられるようになりました。ここで慣性の法則を思い出すと、惑星には何らかの力が働いているはずだということになります。なぜかというと、何の力も働いていなければ惑星は慣性の法則に従って直線的に動くので、彼方へ飛び去ってしまうはずだからです。惑星が直線ではなくて楕円形の軌道を進んでいるということは、何らかの力が働いていることを意味しています。

回転の中心方向へ力が働いているのなら、どのような力なのかということが問題になります。バネの研究などで有名なロバート・フック（1635 - 1703）は、その力の強さは太陽からの距離の2乗に反比例すると考えました。つまり、距離が2倍になれば強さが4分の1に、距離が3倍になれば9分の1になるような力が働いていると考え、その考察を手紙に記してニュートンへ送っています。このように、力の大きさが距離の2乗に反比例することを「逆2乗の法則」と呼びます。

ニュートンも、天体には逆2乗の法則に従う力が働いていると考えて研究を進めました。一説によると、ニュートンはフックからの手紙にヒントを得たとも言われています。逆2乗の法則を最初に思いついたのが誰なのかはともかくとして、ニュートンの天才的なところは、このアイデアを天体のみならず地上の物体にも当てはめた点にあります。つまり、全ての物体が逆2乗の法則にしたがう力で互いに引きあっているという、万有引力の発想に至ったのです。

その発想に至るには、月に関する考察がありました。ニュートンの考察がどのようなものだったか、順になぞっていきたいと思います。まずは、地上における落下現象について考察します。高所から物体を落としたときは、だんだん加速しながら地面へ向かっていきますが、ニュートンは、この落下運動が万有引力によって引き起こされていると考えました。

ここで、ガリレオが発見した落体の法則を思い出してください。落体の法則とは、物体は質量に関係なく同じ速さで落下するという法則でした。この法則は、万有引力が持つ重要な性質について教えてくれています。というのも、私たちが日常経験していることからも分かるように、質量が大きな物体ほど動かしづらいからです。同じ大きさの力をかけたとき、質量の小さな物体は簡単に動きますが、質量の大きな物体はなかなか動きません。このことを正確に表現したのが、ニュートンによる運動の第二法則「物体に力を加えた時の加速度は質量に反比例する」です。ここで「加速度」という聞きなれない言葉が出てきていますが、これは一定時間（例えば1秒間）における速度の増加幅のことです。第二法則は、運動方程式と呼ばれている式３－Ａで

力＝質量×加速度　　式３-Ａ

表すことができます。

この運動方程式は、全ての物体が従う運動の法則を表しています。要するに、同じ大きさの力を加えたときは、質量の小さい物体ほど動きやすく（速度の増加幅が大きい）、質量の大きな物体ほど動きにくい（速度の増加幅が小さい）ことを意味しています。

さて、ニュートンの考え方によれば、落下運動は万有引力によって物体と地球が引き合うことで生じます。ただ注目すべき点として、落体の法則が示しているように、質量の大きさにかかわらず物体の落下速度は同じになります。リンゴだろうが鉄球だろうが、落ちる速さは同じなのです。運動方程式で考えれば、落下運動については常に「加速度」の部分が同じ数字（具体的には1秒あたりの速度の増加幅が9・8ｍ／秒）になるということです。これは、万有引力が質量に比例して大きくなることを意味しています。つまり、質量の大きな物体ほ

ど動かしづらくなるはずですが、質量に比例して万有引力も大きくなるので、結果として質量にかかわらず加速度が等しくなるということです。以上の考察から、万有引力が質量に比例することが分かりました。

ここで注意点ですが、天動説と違って、地動説では地球が宇宙の中心にある特別な存在だとは考えません。リンゴが木から落ちた時、万有引力によってリンゴを地球が引きつけたのだと考えるのは誤解です。正確には、リンゴと地球が万有引力によって互いに引き合っているのです。

ここでは、運動の第三法則「物体Aが物体Bに力を及ぼした時、物体Aは物体Bから同じ大きさで反対向きの力を受ける」が関係してきます。どんな法則かおさらいすると、例えば私たちがバタフライで泳ぐことができるのは、この作用・反作用の法則のおかげです。というのも、私たちが手で水を押すと、その反作用として水が私たちを押すので、それを推進力として前へ進むことができるのです。この場合、私たちが水を押す力を作用とすれば、水から受ける反対向きの力が反作用になります。

そして、万有引力についても作用・反作用の法則は当てはまります。地球がリンゴを引きつける力を作用とみなしたときは、リンゴが地球を引きつける力が反作用になります。両者は大きさが同じで反対向きなので、それを一言でいえば「お互い引き合っている」ということになるわけです。ただし、作用・反作用の法則においては、どちらを作用としてもかまいません。リンゴが地球を引きつける力を作用とみなせば、地球がリンゴを引きつける力が反作用になります。リンゴと地球のどちらが主体ということはなく、両方が主体なのです。

つまり、質量の差こそあれ、万有引力においてはリンゴと地球は対等な関係なのです。落下運動を考えるとき、万有引力の大きさは落下する物体（リンゴなど）の質量に比例するという話をしましたが、これをリンゴと地球の関係として表現すると「リンゴが地球に落下する。そして、万有引力はリンゴの質量に比例する」となります。しかし、これは地球を基準として万有引力を表現したときの言い方です。リンゴと地球は対等なので、リンゴと地球の立場を入れ替えて「地球がリンゴに落下する。そして、万有引力は地球の質量に比例する」と言っても問題ありません。つまり万有引力は2つの物体間（地球とリンゴなど）に働く力であり、その大きさはどちらの質量にも比例すると考えることができます。

なぜ月は落ちてこないのか

ニュートンは、この万有引力が天体の運動にも関わっていると考え、月の公転運動についても考察しました。ここでは、ニュートンが『プリンキピア』の中で使っている例えを紹介したいと思います。俗に「ニュートンの大砲」として知られている話です。

地球のある地点に非常に高い山があって、その頂上から大砲を打つとしましょう。すると、砲弾はどこかの地点で地面へ落下します。ニュートンによると、それは砲弾に万有引力が働いて地球に引き付けられるからです。もし万有引力が働かなければ、先ほど出てきた慣性の法則により砲弾はまっすぐ進んで宇宙の彼方へ飛び去ってしまうはずですが、実際は万有引力が働くのでそうならないわけです（大砲は非常に高い山の上にあるので空気抵抗は無視できることにします）。

大砲の勢いを強めていくと落下地点は遠のいていき、いずれは地球1周分よりも長くなってしまいます。そのときに砲弾はどうなるかというと、地球を1周して元の位置に戻ってくるはずだとニュートンは考えました（図表3-12）。砲弾は万有引力によって常に地球へ引き付けられているため、宇宙の彼方へ飛び去ることができないからです（地球の引力を振り切るほどの凄まじい勢いで砲弾を発射すれば宇宙の彼方へ飛び去ることは可能ですが、そこまでの威力は出ていない状況を考えています）。この思考実験は、十分な速度さえあれば、砲弾は落下

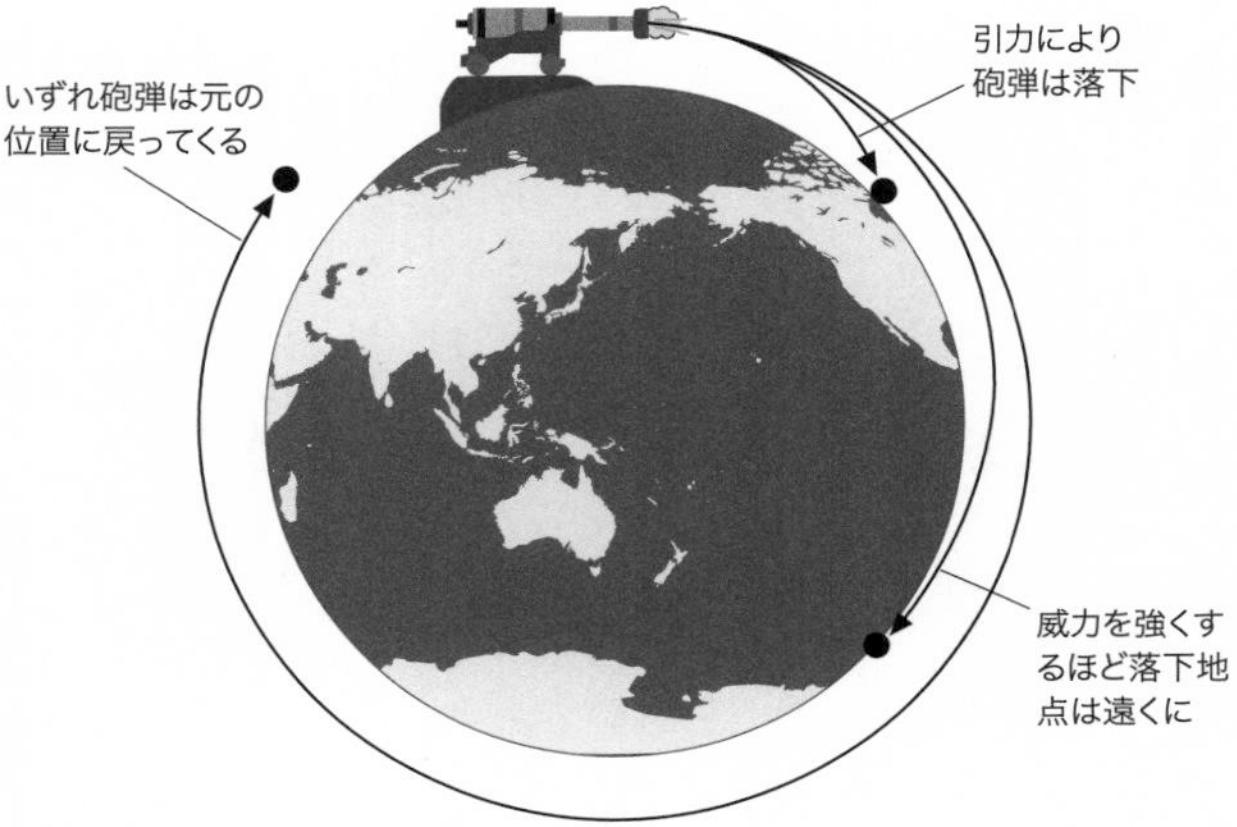
いずれ砲弾は元の
位置に戻ってくる
引力により
砲弾は落下
威力を強くす
るほど落下地
点は遠くに

図表3-12　ニュートンの大砲

することなく地球を周回（公転）し続けるということを示唆しています。ニュートンは、月も同じような仕組みで地球を公転しているのだと考えました。つまり、常に万有引力によって地球へ引きつけられているものの、十分な速度で動いているので地球へ落下することなく公転運動を続けていられるということです。

地球と月の間に働く万有引力がどの程度のものか、ニュートンは当時知られていた月に関する知識を元に試算してみました。ニュートンが行った計算をなぞってみましょう（月の軌道は厳密には楕円ですがほぼ円形に近いので、ここでは月の軌道が完全な円形だと考えて計算を進めます）。

地球の中心から月までの距離は約38万４０００㎞なので、月の軌道を完全な円形とした場合、その円周は２４１万１５２０㎞（≒38万４０００×２×３・14）となります。また、月は27日と7時間43分（すなわち２３６万５８０秒）かけて地球を1周するので、１秒あたりの月の移動距離は約１・０２２㎞（２４１万１５２０㎞÷２３６万５８０秒）です。従って、月は秒速１・０２２㎞で動いているということになります。補足ですが、地球の中心から月までの距離や月の公転周期は、ニュートンの時代には既知のものでした。公転周期は天体観測によって詳細に判明していましたし、月までの距離は同時刻に地球上の異なる地点から月を見た際の見える方向の違い（＝視差）から割り出すことができます。

ここで、月が最初は地点Ａ（図表３-13）にあるとしましょう。もし万有引力が働いていなければ、月は慣性の法則に従って直進し、１秒間で１・０２２㎞だけ進んで地点Ｂに到達するはずです。しかし、実際は万有引力によって地球と引き合っているために、地点Ｃまで移動します。これは、万有引力によりリンゴが落下するのと同じ現象です。つまり、月は地球へ向かって1秒間にＢＣの距離だけ〝落下〟するのです。この落下運動によって公転軌道に引き戻されるので、月は宇宙空間に放り出されることなく地球のまわりを公転し続けることができます。ここで、１秒間のうちに月が〝落下〟する距離ＢＣを計算してみましょう。

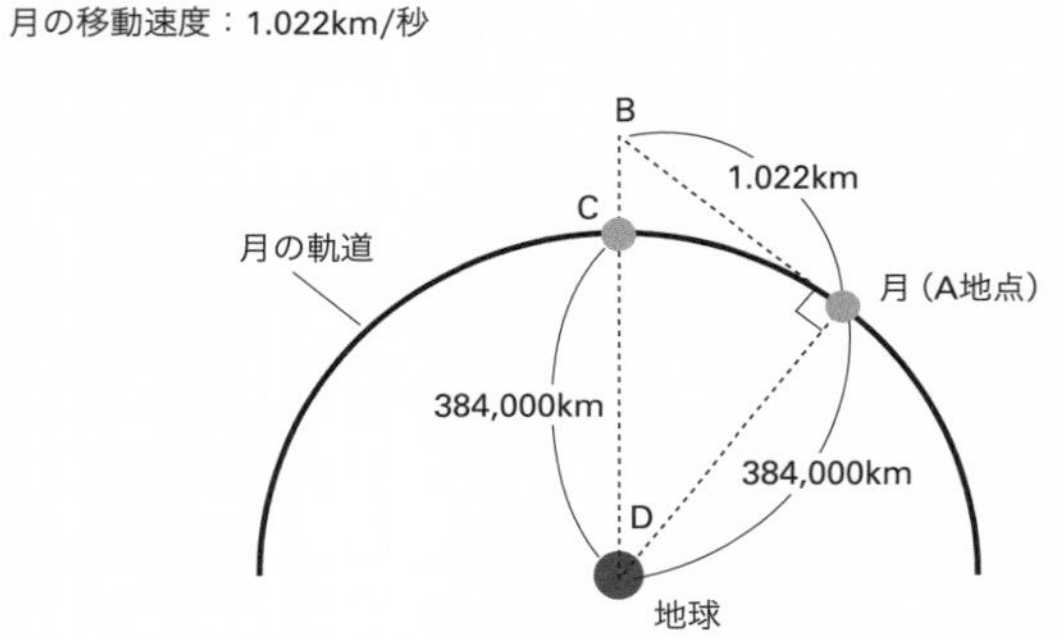

※見やすさを優先して、線分ABは実際の距離よりも極端に長く描いています。

図表3-13　月の運動の模式図

直角三角形ABDに三平方の定理（直角三角形の各辺が「斜辺の2乗＝高さの2乗＋底辺の2乗」の関係にあるという定理）を当てはめればBDが分かり、そこから軌道の半径（CD＝38万4000km）を引けばBCが分かります。そうやって計算すると、BCは0・00136mであることが分かります。つまり、月は1秒間に0．00136m（1・36mm）だけ地球へ〝落下〟しているということです。

一方、地上の落下運動はどれくらいの速さになるのでしょうか？　地上において落下時間と落下距離の関係を調べてみると、最初の1秒間で4・9m落下することが分かります。例えば、木からリンゴが落ちるとき、最初の1秒間における落下距離は4・9mだということです。一方、月は1

秒間に０・００１３６ｍしか〝落下〟しません。落下距離の比を取ってみると、約３６００倍になります（４・９÷０・００１３６）。この３６００倍の差は、どこからきているのでしょうか？　実は、万有引力が逆２乗の法則に従うのだとすれば、３６００倍の差を説明できます。

ここで、逆２乗の法則について改めて説明します。力の大きさが距離の２乗に反比例することを逆２乗の法則と呼ぶのでした。ここで言う距離とは、重心から重心までの距離を指しています。つまり、逆２乗の法則に従う力が２つの物体ＡとＢの間に働いているとすると、Ａの重心からＢの重心までの距離を考え、その２乗に力の大きさが反比例するということになります。

従って、万有引力に逆２乗の法則が当てはまるとすれば、物体と地球の間に働く万有引力の大きさは、地球の重心からの距離の２乗に反比例するということになります。地球の重心とは、すなわち地球の中心のことです。地球の半径は約６４００㎞なので、私たちが住んでいる地上は地球の中心から約６４００㎞離れた位置にあります（地球の半径は同時刻の異なる地域における太陽の昇る方角の違いなどから推定でき、ニュートンの時代には既知でした）。

ここで、地球の中心から月までの距離（約38万４０００㎞）は、地球の半径（約６４００㎞）

の約60倍です。つまり、地球の中心から測ると、地上のリンゴよりも月の方が60倍離れていることになります。万有引力が逆2乗の法則に従うと仮定すれば、月が受ける万有引力は地上の3600分の1（60×60）ということになり、月の運動から求めた試算値と一致します。こうして、木からリンゴが落ちる現象と月の公転運動は、どちらも万有引力によって説明できるのです。

ニュートンはこのような考察を経て、地上でリンゴが落ちる現象と月の公転が同じ力、すなわち万有引力によって引き起こされていると考えるに至りました。話をまとめると、2つの物体間に働く万有引力は、どちらの物体の質量にも比例し、距離の2乗に反比例します（逆2乗の法則）。ニュートンは、この物体AとBの間に働く万有引力を次の式3-Bで表すことができると考えました。

$$\text{万有引力の大きさ} = \text{万有引力定数} \cdot \frac{\text{質量}_A \cdot \text{質量}_B}{\text{距離}^2}$$

式3-B

この数式を見ると、落体の法則に関する考察で得られた結論通り、万有引力がどちらの物体の質量にも比例するようになっています。つまり、物体Aの質量が大きく（小さく）なっても、物体Bの質量が大きく（小さく）なっても、いずれの場合も万有引力が大きく（小さく）なることが分かります。また、距離の2乗で割られているのは、逆2乗の法則を表すためです。「万有引力定数」という部分は、比例の度合いを示す数値になります。

AとBは、リンゴと地球だったり、月と地球だったり、地球と太陽だったりします。もちろん、「A＝あなた、B＝今読んでいる本」としてもかまいません。「万有」という言葉の通り、万有引力は全ての物体に内在する力です。あなた自身と、あなたが今手に取っている拙著も万有引力で引き合っているのですが、お互いの質量が地球など天体クラスの物体と比べると非常に小さいので、万有引力は感じられるほどの強さにはなりません。これは、万有引力の式の「万有引力定数」という部分が非常に小さな値だからです。そのため、私たちは身の回りにあるものと万有引力で引き合っていることを実感はできません。しかし、地球や太陽といった非常に質量の大きな物体同士では、大きな万有引力が働くことになります。そのために、天体の動きは万有引力によって支配されるのです。

さらにニュートンは、万有引力の法則からケプラーの法則が導けることを示しました。具体的に言うと、『プリンキピア』の中で「惑星の軌道が楕円であるとき、太陽と惑星の間には逆2乗の法則に従う力が働いている」ということを証明しました。少しややこしい言い方になっていますが、要するに、ケプラーの第一法則（楕円軌道の法則）は、逆2乗の法則に従う力が天体間に働いていることを示しているのだということを数学的に証明したわけです。

ケプラーの第二法則と第三法則についても、万有引力と運動方程式から導き出すことができます。つまり、ケプラーが発見した3つの法則は、全て万有引力の法則から導き出すことができるのです。

万有引力は、天界の現象と地上の現象を1つの法則で説明する衝撃的な理論でした。古来に信じられてきた、地上と天上は異なる世界だという考え方は否定され、1つの世界があるだけだということになったわけです。ただし、万有引力の法則は、非常に重要な部分についての説明が欠けていました。それは、遠く離れた太陽から力が伝わってくる仕組みの説明です。この点についてはニュートンにも分からなかったため、『プリンキピア』に「私は仮説を作らない」という言葉を残しています。つまり、非常に遠方の太陽からどうやって力が伝わるかの仕組みについては考えても仕方がないので、考えないようにするということです。

ニュートンの業績は、逆2乗の法則に従う万有引力が働いていると考えることで、地上の落下現象と天体の動き（ケプラーの法則）を統一的に説明したことです。そもそも万有引力の正体が何なのかについての研究は、後世にゆだねられることになりました。万有引力の正体については現代においても未だ完全には解明されておらず、物理学における最難問の1つとみなされています。具体的には、目に見えない「グラビトン（重力子）」という粒子が万有引力の力を伝えていると考えられていますが、グラビトンの正体がまだ詳しくは分かっておらず、実験で検出することもできていない状況です（なぜグラビトンが有力視されているかの理由は極めて複雑なので、ここでは省略します）。

本章は、ガリレオからニュートンに至るまで、歴代の勇者（天才物理学者）たちが力を合わせて天の法則を手に入れる物語でした。天をかけた戦いの物語は、『プリンキピア』の刊行をもって一段落します。ただし、『プリンキピア』はすぐに世間で受け入れられたわけではありませんでした。内容が難解だったこともあり、当初はごく一部の人しかその意義が理解できなかったのです。

「地球はどら焼き」と予言したニュートン

しかし、実際の観測結果を説明する上でニュートン力学が大いに役立つことが分かってきて、次第に支持者が増えていきました。例えば、ニュートンは『プリンキピア』の中で、地球は完全な球形ではなくて赤道付近が少し膨らんだ扁平《へんぺい》な形をしているはずだと予想しました。つまり、バレーボールのようなきれいな球形ではなくて、どら焼きみたいにつぶれた形をしているということです。といっても、どら焼きのように極端な扁平ということではなく、ほぼ球形に見えるのだけれども、厳密には少し扁平になっているというイメージです。そのような形になる理由は、地球の自転によって遠心力が働くからです。

遠心力とは、物を回転させたときに生じる外向き（回転の軸から離れる方向）の力を指します。遠心力の身近な応用例としては洗濯機の脱水モードがあります。あれはモーターの力で洗濯槽を回転させることによって遠心力を発生させ、余分な水分を洗濯槽の外に飛ばしているのです。自転している地球にも、回転中の洗濯槽と同じようにこの遠心力が働いています（ただし地球と私たちとの間に働く万有引力の方が大きいため、私たちが宇宙空間へ放り出されることはありませんので安心してください）。

遠心力には回転の速さが同じ場合、回転の中心からの距離が長ければそれだけかかる力は大きくなるという性質があります。地球の自転軸から地表面までの距離は赤道で最大になるため、赤道付近の遠心力は他の緯度に比べて大きくなります（図表3 - 14）。だからこそ、赤道付近がより強い力を受けるために地球が扁平な形になっているはずだとニュートンは考えたわけです。

その後、フランスの科学アカデミーが赤道のエクアドルまで遠征して行った精密な測量に

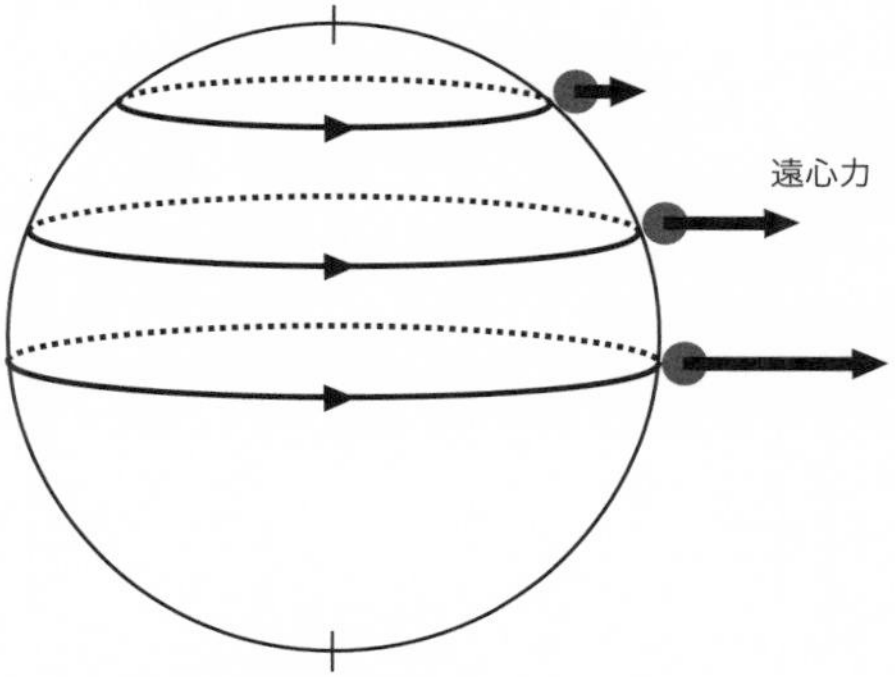
北極点で遠心力は0になる
南極点で遠心力は0になる

図表3-14　地球の遠心力

よって、地球がニュートンの予想通り扁平になっていることが確認されました。ニュートンの予言が的中したわけです。また、それからしばらくすると、フランスの数学者ピエール＝シモン・ラプラス（１７４９‐１８２７）が月や惑星の公転周期に生じる微妙な変化をニュートン力学に基づいて説明し、それを『天体力学』という本にまとめて出版しました。さらに、複数の物体が互いに影響しあう場合や、流体のふるまいを説明する場合など、理論的に難しい状況設定においてニュートン力学をどう適用するかについての研究も進み、その応用範囲が広がっていきました。

　このように、今まで説明できなかった現象がニュートン力学によって説明されていったのです。こうしてニュートン力学は人々に認められていったのでした。

余談ですが、ニュートンは信心深く、また錬金術にも非常に熱心だったと言われています。実際、ニュートンの死後に遺された蔵書のうち自然科学に関するものは2割に満たず、残りは神学、哲学、錬金術などの本だったそうです。ニュートンはまさに、中世から近代へ移行しつつあった時代を体現するような人物でした。

第４章

身近にいた３つの強敵！
不思議ダンジョンを攻略せよ

レ　ベ　ル：30　**UP!**
ステージ：熱・光・電磁気ダンジョン
と　く　ぎ：論理的思考
実証
そ　う　び：地動説
ニュートン力学　**New!**
万有引力　**New!**

お宝が眠る3つのダンジョン

ニュートンまでの歴代の勇者（＝哲学者・科学者）たちは天を巡る戦いにあけくれていたわけですが、その戦いが一段落したことで視線は天から地へ移り、身の回りの何気ない「なぜ」に目を向け始めました。18世紀から19世紀は身の回りの「なぜ」をとことん追究することによって物理学が発展していった時代です。

この時代は研究が進むことでかえって謎が深まり、ダンジョン（地下迷宮）に迷い込んでいくような状況でした。他方、そのダンジョンの奥に眠っていたのは、20世紀における物理学の革命的発展へとつながる真理の鍵です。従って、本章は不思議ダンジョンを四苦八苦しながら進んでいくイメージで読んでいただけたらと思います。

身の回りの「なぜ」はたくさんありますが、物理学史を語る上では「熱」「光」「電気・磁気」の3つが重要です。これらは昔から知られていたけれども正体がよく分かっておらず、この3つを徹底的に考え抜くことで物理学が大いに進歩しました。なぜ森羅万象《しんらばんしょう》の中で熱、光、電気・磁気に着目したか、不思議に思われるかもしれませんので、注目された理由とそれぞれの概要をまずはさらっと触れたいと思います。

不思議ダンジョン①：熱

私たちが日常で経験している熱い・冷たいという感覚は、いったい何なのでしょうか？熱についてすぐに思い浮かぶ法則性としては、それが熱いものから冷たいものへ伝わっていくということです。また、２個の火打石を互いに打ちつけたり、原始時代の火起こし器具のように木の棒を擦ったりすると熱が生じて火が発生します。つまり、火のような熱源がなくても、打ちつけたり擦ったりするなどの「運動」から熱を生じさせることもできるということです。このように何かしらの法則性はありそうなものの、熱の正体については長らく不明で様々な議論が繰り広げられてきました。

18世紀半ばになると、蒸気機関が発明されたことにより、熱についての研究は一気に進展しました。というのも、蒸気機関は水を熱して水蒸気を発生させ、それを羽根に吹きつけて回転させることで動力を生み出す仕組みだからです。熱をいかに効率よく動力へ変えるかという実用上のニーズに引っ張られる形で熱の研究に関心が集まったわけです。ちなみに、日本人にとって「黒船来航」（１８５３年）は明治維新のきっかけとなる歴史的な出来事でしたが、その黒船は蒸気機関（と風力）を動力としていたので、この当時の物理学の研究は間接的に日本の開国に一役買っていたとも言えます。

不思議ダンジョン②：光

光も身の回りに溢れていますが、椅子や机などを形づくっているような通常の物質とは異なる性質を色々と持っています。例えば、光は触ったり貯めたりすることができません。また、光がどれくらいの速さで進むのかという点も謎の1つです。紙をまるめて部屋の端のゴミ箱に向かって投げると、ゴミ箱まで飛んで入るまでに1秒程度はかかるでしょう。一方、部屋の端でランプを灯すと、ほぼ一瞬で反対側の壁が照らされます。つまり、光が進むスピードは恐らく非常に速くて、ちょっとした距離ならほぼ一瞬で到達しているように見えるのです。このように光は色々と不思議な性質があるため、ありふれているにもかかわらず、正体は謎に包まれています。

不思議ダンジョン③：電気・磁気

電気や磁気は現代文明にとって不可欠です。電気なしではテレビもスマホも動きませんし、電気自動車のタイヤや洗濯機の洗濯槽などの回転を担っているモーターは、磁気の力を使って回転力を生み出しています。古代の人々は電気や磁気の力が移動や洗濯に使えるとは思いもしなかったでしょうが、これらの力は古くから知られていて、古代ギリシャでは得体のしれない神秘的なものだと考えられていました。

電気について古くから知られていたのは、流れる電気（電流）の方ではなくて静電気です。静電気と聞くと、下敷きで頭を擦ったときに髪の毛が逆立つ現象を思い出す人が多いと思います。同様の現象として古代ギリシャの文献では、琥珀《こはく》（天然樹脂が化石化したもので宝石の一種）を擦ると、ホコリを引きつけやすくなるという記述が残っており、これが静電気現象に関する最古の記録だとされています（後述）。

また、第1章で触れたように、当時のギリシャでは鉄を引きつける岩（磁鉄鉱）の存在が知られていて、その不思議な力（磁力）について考察がなされてきました。このように離れた対象に影響を及ぼす力は「遠隔力」と呼ばれます（詳しくは第1章）。静電気や磁気、そして第3章で出てきた万有引力もすべて遠隔力の仲間です。これらの力がどのようにして離れた対象に力を及ぼしているのかというメカニズムは、実はとても深淵《しんえん》でかつ難しい問題なのです。

18〜19世紀の物理学者たちは、以上の3つのダンジョンに挑んでいきました。一見すると遠く離れた天の世界よりも地上の出来事の方が研究しやすそうですが、実際は逆で、地上は天の世界ほど規則的ではないため手ごわいのです。天体の運行は暦にできるほど正確な一方、地上は森羅万象が絡み合っていて法則性を見出すのが容易ではありません。物理学史において天文学が他分野に先立って発展したのは偶然ではないのです。

それでも、18世紀頃にもなると実験や測定の技術も向上してきて、余計な要素を排除した実験室の中で法則性を探求することが科学者の一般的な営みとなりつつありました。絡み合う森羅万象から調べたい対象だけを切り出す「実験」という考え方を最初に実践して大きな成果を挙げたのはアルキメデスですが、その後もガリレオが斜面を使って物体の運動を研究するなど、実験が重要な成果につながるという成功体験が文化として積み上げられていき、その重要性が浸透していったのです。そういった水面下での進歩に支えられて、複雑怪奇な地上の現象を解き明かしていく準備が整ったのがこの時代でした。それぞれのダンジョンがどのように攻略されていったのか見ていきましょう。

ダンジョン攻略秘話①：熱の正体をあばけ！

古代において、熱は火と同一視されていました。別の言い方をすれば「熱」という概念自体がまだ確立されておらず、「火」の性質の一部のような扱いだったわけです。

では、そもそも火はどう考えられていたかというと、物質の一種だとみなされていました。実際、第１章で紹介したように、古代ギリシャの四大元素説では「火」を元素の１つに数えています。そして、ものが燃える「燃焼」という現象は、四大元素の１つである「火」が放出される現象だとみなされていました。

火は物質なのかという疑問に現代科学の観点から答えますと、火は物質ではありません。その正体は、燃えている物質と空気中の酸素が反応して生じる熱と光です。つまり、燃焼反応によって生じる熱と光を私たちが火と名づけているのであって、火という物質があるわけではありません。しかし、当時の人たちはそのことを知らなかったので、火を物質だと思っていたのです。

火を元素とみなすこの考え方は、水面下で脈々と受け継がれて、17世紀においては「フロギストン（燃素）」説として広まっていました。この説では、火の正体はフロギストンと呼ばれる物質であり、燃焼はフロギストンが激しく放出される現象なのだと考えます。ちなみに、フロギストンという名前は、ドイツ人医師のゲオルク・エルンスト・シュタール（1660－1734）が、ギリシャ語で炎を意味する「フロガ」にちなんで名づけたものです。

一方、フロギストン説では説明しにくい現象も当時から知られていて、科学者たちの頭を悩ませていました。それは金属の粉を燃焼させる（火であぶる）と質量が増すという現象です。例えば、銅の粉を皿に入れて火で熱すると、色が黒ずみ、質量は25％増加します。これを現代科学で説明すると、銅を熱することで空気中の酸素と結合して酸化銅になる現象です。つまり、結合した酸素の分だけ重くなっているのです。

この現象は、燃焼とは空気中の酸素との反応なのだという現代科学の知識があれば納得できるのですが、火を物質だと思っていた当時の人々にとっては理解しがたいものでした。というのも、燃焼によってフロギストンが放出されるのであれば、放出された分だけ質量が減る（軽くなる）はずだからです。

ラヴォアジエの革新的な考え

１７７４年のこと、フランス出身の化学者アントワーヌ・ラヴォアジエ（１７４３-１７９４）は、密閉した容器内で金属を燃焼させる実験についての論文を発表しました。それによると、密閉した容器内で金属の粉を熱した場合は、それまで知られていた実験結果と違って、燃焼後の質量は燃焼前とほぼ変わらなかった（つまり質量が増えなかった）のです。一方、容器に穴を開けて空気が入ってきたのちに金属の粉を熱してみると、燃焼後の質量は増えました。このことから彼は、燃焼は空気中の〝何か〟が金属と結合することで起きているのだという新しい説を唱えました。空気が少ない密閉容器の中で金属を燃焼させた場合は空気中の〝何か〟が十分に供給されないために質量が増えにくい一方で、容器に穴を開けて空気が自由に出入りできるようにすれば、その〝何か〟も十分に供給されるために質量が増えると考えたのです。

フロギストンの放出ではなく、空気中の〝何か〟との結合によって燃焼が起こるのであれば、燃焼後に質量が増えるのは自然な結果ということになります。この〝何か〟は現代では酸素と呼ばれています。ラヴォアジエは、燃焼の正しい仕組みにたどり着いたのでした（ほぼ同時期に英国のジョセフ・プリーストリー〈1733‐1804〉が酸化水銀に光を当てることで酸素ガスを発生させることに成功したため、酸素の発見者はプリーストリーだとされます）。

ラヴォアジエは、この〝何か〟が2つの特性を持っていることに着目します。1つは物質の性質を変える（燃焼した金属が黒ずむなど）特性、もう1つは燃焼によって物質の温度を上げる特性です。そこで、彼はこの〝何か〟は2つの元素、すなわち〝物質の性質を変える元素〟と〝物質の温度を上げる元素〟が組み合わさったものだと推測しました。要するに、温度を上げる特性（熱）を切り離して考えたわけです。彼が提唱した〝物質の温度を上げる元素〟は「カロリック（熱素）」と呼ばれるようになります。この考え方はのちに否定されてしまうのですが、「熱」という概念を火から切り離す発想そのものは革新的で、これを機に「熱」という概念が確立していったのでした。

フロギストン説に代わる燃焼理論として提唱されたカロリック説では、熱の正体はカロリックと呼ばれる物質であり、カロリックを多く持つ物体は熱くなり、カロリックが離れていくと冷たくなると考えます。つまり、熱を元素の一種だと考えたわけです。実際、ラヴォアジエが作った当時の元素表には、水素や酸素や炭素など現代でも元素とみなされているものと並んでカロリックが記されています。

ラヴォアジエはこれ以外にも多くの業績を残している著名な科学者だったため、その名声とともに、このカロリック説は主流の学説に上り詰めていきました。一方で、フロギストン説はラヴォアジエが否定したことをきっかけに衰退していきます。

余談ですが、ラヴォアジエは現代化学の生みの親として広く尊敬されているものの、最期はフランス革命に巻き込まれてギロチンで処刑されるという悲惨なものでした。当時の彼は政治の世界でも活躍してパリで役人を務めていたため、革命運動の標的にされてしまったのです。同時期に活躍したフランスの著名な天文学者ラグランジュ（１７３６‐１８１３）は、「ラヴォアジエの頭を切り落とすのは一瞬だが、彼と同じレベルの頭が現れるには１００年かかるだろう」と言って嘆いたとされています。

カロリック説の陰に潜んでいた〝刺客〟

こうして一旦は主流となったカロリック説ですが、その後、対抗馬が彗星のごとく現れると、雲行きが怪しくなっていきます。実は、カロリック説に押されて影を潜めてはいたものの、以前から「熱運動説」というもう1つの説がささやかれていたのです。

この説では、熱の正体は物質の微細な運動だと考えます。運動から熱が生まれるという考え方は自然なもので、例えば、冒頭でも紹介したような、火打石を打ちつけることで火を起こしたり、おがくずを木の棒で擦って火を起こしたりすることは大昔からやられていました。運動から熱が生まれるという現象は非常に身近だったのです。ファンタジーの世界では呪文の詠唱で火炎系の攻撃を出せますが、現実世界では運動が火や熱を引き起こすアクションになるということです。

しかし、熱運動説は当時としてはあまり注目されていませんでした。というのも、その仮説に基づいて理論を構築していくことが難しかったのです。仮に物体の微細な運動が熱の原因だったとしても、それをどう理論化して、どう計算すればよいのかがさっぱり分からなかったということです。

他方、カロリック説は熱を元素の一種と考えるため、とても分かりやすいという利点がありました。例えば、当時の科学者たちは、熱は熱いものから冷たいものへ伝わるけれども総量は変化しない（勝手に増えたり減ったりしない）という「熱量保存則」が成り立つと考えていました。この法則は厳密には正しくないのですが、ざっくりレベルでは成立し、カロリック説の支持材料としても考えられていました。というのも、カロリック説では熱を物質（＝勝手に増えたり減ったりしない）と考えるため、熱量保存則が成り立つのであれば、それはカロリック説とつじつまが合うからです。

そんなわけで、長らく注目されていなかった熱運動説ですが、そのような状況を覆したのが、アメリカの科学者であるランフォード伯ベンジャミン・トンプソン（１７５３‐１８１４）です。彼は火薬の研究をしている最中、大砲に弾丸を入れずに火薬を点火すると弾丸を入れた時より砲身が熱くなることに気づきました。その原因についてランフォード伯は、本来ならば弾丸の推進に使われるはずだった火薬の作用が砲身の金属粒子を動かすことに使われたことで、余分な熱が発生したのだと考えます。これは「火薬の作用→金属粒子の運動→熱」というプロセスで考えていることから熱運動説に基づいています。

またランフォード伯は、大砲の砲身を削る工程（円柱状の金属の内部を削って弾丸の通り道を作るステップ）で、砲身が非常に高温になることにも気づきました。そこで彼は、金属の円柱を水に沈めた上で内部を削るという実験を行います。つまり、砲身の削り出し作業をあえて水中でやってみたということです。すると、水は砲身の熱を受けて沸騰しはじめ、削り出し作業を続ける限り沸騰は静まりませんでした。彼はこの結果がカロリック説とは相容れないものだと考えます。なぜかというと、もしカロリック説が正しいのならば、カロリックが放出されて減っていくことで砲身の発熱はだんだん収まっていくはずなのに、実際は削り出し工程を続ける限り膨大な熱を発生し続けていたからです。

さらにランフォード伯は、砲身の削りカスを集めて比熱（その物質1gの温度を1℃高めるのに必要な熱量）を測定してみました。比熱が大きいということは、温度を1℃上げるのに多くの熱が必要ということなので、温まりにくいことを意味します。要は、すぐに温まるか、なかなか温まらないかの違いを表す値だと考えてください。ランフォード伯は、砲身の削りカスは非常に高温となって大量の熱（＝カロリック）を放出していたわけなので、内部のカロリックをかなり出し切ってしまって温まりにくくなっている（つまり比熱が大きくなっている）はずだと考えました。しかし、実際に計ってみると、比熱は実験を行う前と変わっていませんでした。この結果も、カロリック説では説明がつきません。

こういった実験を根拠としてランフォードは、カロリック説が誤りであると主張しました。そして、砲身の金属粒子が微細に振動することで熱が生じているのだと考えて熱運動説を支持したわけです。

その後、ロベルト・マイヤー（1814-1878）やジェームズ・プレスコット・ジュール（１８１８－１８８９）、ウィリアム・トムソン（１８２４－１９０７）らの研究により、カロリック説の根拠ともされていた熱量保存則（熱は熱い物体から冷たい物体へ移動していくが総量は変わらないという法則）が正確には成り立っていないことも分かってきました。

具体的には、まず車のエンジンなどを構成するピストンを想像してみてください。ピストンの中に空気を入れた上でその空気を温めると、空気が膨張してピストン棒が押されていきます（スペースが広がる）。このとき、熱量保存則が成り立つのであれば、温めた後の空気が持つ熱量は、温める前の空気が持っていた熱量と、外から与えた熱量の和に等しいはずです。しかし実験では、温めた後の空気が持つ熱量はそれより少し小さくなっていました。

このようなケースを入念に調べてみると、熱を物質ではなくエネルギーの一形態である「熱エネルギー」なのだと考え、熱エネルギーの一部がピストンを動かす仕事に使われたと考えればよいことが分かりました。つまり、熱量が保存されるのではなく、エネルギーの総量（熱エネルギー＋ピストンを動かす仕事に使われたエネルギー）が保存されると考えればよいということです（つまり、熱エネルギーの一部がピストンを動かす仕事に使われることで熱量自体は減るということ）。この法則は「エネルギー保存則（または熱力学第一法則）」と呼ばれています。熱が物質なのだとすれば、それがピストンを押すことで消えてなくなるというのは理解しがたい話になります。つまり、熱を物質と考えるカロリック説は最終的には否定されてしまったわけです。

風船はなぜ膨らむのか

ライバルが潰えたことで、熱運動説には俄然《がぜん》注目が集まりました。しかし、カロリック説と比べて熱運動説は捉えどころがなく、どう理論化すればいいのかという点が物理学者たちの頭を悩ませます。ランフォード伯の実験では砲身が非常に熱くなるわけですが、砲身そのものの位置が動いたり、見た目が変わったりするわけではないので、肉眼で見る限りは運動が起きているようには見えません。つまり、熱の本性が運動なのだとしたら、その運動はミクロレベルのもの、すなわち物質の内部で起きている目に見えないほど小さな運動のはずなのです。そのミクロレベルの運動とは何なのかを突き止める必要があります。

この難問に解決の糸口を与えたのは、数学者であり物理学者であったダニエル・ベルヌーイ（1700－1782）の研究です。彼は（熱ではなく）「気圧」の正体が何なのかということについて頭を悩ませていました。

頭の中で風船を想像してみてください。空気を吹き込むと風船はパンパンに膨らみますが、内側から大勢の小人が押しているわけでもないのに膨らんだ状態を維持できるのはなぜでしょうか。それは、風船の中に入っている空気が「気圧」と呼ばれる圧力を外向きに及ぼすからで、その圧力によって風船のゴムが押され続けるからです。つまり、「気圧の正体は何なのか」というベルヌーイの問いは、言い換えれば「風船はなぜ膨らむのか」ということになります。

風船を内側から押している「小人たち」の正体について、ベルヌーイは目に見えないほど小さな粒子ではないかと考えました。より具体的に言うと、気体は目に見えないほど小さな多数の粒子から成っていて、その粒子が激しく飛び回っているという仮説を立てました。そして、気体の圧力は、容器の壁にその粒子が絶え間なくぶつかることで生じているのだと考えたわけです。

気体の正体が粒子だという仮説は、当時としては相当に斬新なものでしたが、その後の「原子論」の進展によって次第に受け入れられていきました。そのきっかけとなったのは、フランス出身の化学者ジョセフ・ルイ・ゲイ＝リュサック（１７７８－１８５０）が発見した「気体反応の法則」です。この法則は、２種類以上の気体が化学反応を起こす場合、その反応に関わる気体の体積の比が必ず整数比になるというものです。

言葉だけだと分かりづらいので、具体例を挙げましょう。水素と酸素が結合して水（水蒸気）ができる反応を考えます。このとき、①反応で消費される水素ガスの体積、②反応で消費される酸素ガスの体積、③反応で生成される水蒸気の体積は「①：②：③＝2：1：2」という簡単な整数比になります。なぜ整数比になるのかという点が当時の人たちにとって非常に不思議だったわけですが、気体の正体が分子（という名の小さな粒子）であると知っている私たちからすれば不思議はありません。水素と酸素から水ができる反応の化学式は次のようになります。

$$2H_2 + O_2 \rightarrow 2H_2O$$

水素と酸素が反応するときはこのように2個の水素分子（H_2）と1個の酸素分子（O_2）が結合して2個の水分子（H_2O）ができるという反応が起きているわけです。反応する分子の個数の比率は2：1：2となります。この個数の比率が、そのまま体積の比率にもなっています（補足：ある一定の体積中に含まれる気体分子の個数は、気体の種類によらず同じになるという性質があるため、個数の比がそのまま体積の比になります）。

この「気体反応の法則」があったことから、気体は（現代では原子や分子と呼ばれている）目に見えないほど小さな無数の粒子からできていて、それらが組み変わることで気体の化学反応が起きているのではないかという原子論が有力になっていったのです。

気体の正体が粒子（ボールのようなもの）だとすれば、その運動についてはニュートン力学を当てはめることができます。物体の運動はニュートン力学の運動方程式（力＝加速度×質量）を使って計算することができるのです。そこで、ベルヌーイは、容器の中に気体が入っている状況を考えて、気体を構成する微細な粒子が絶えず飛び回って容器の壁にぶつかり、その衝突により壁が受ける力が合算して圧力を生み出していると仮定して、ニュートン力学に基づく計算を行うことで、気体の圧力を理論的に導き出すことにも成功しました。

熱の正体

このように、ベルヌーイは気体の正体を小さな粒子の集まりと考えることで気圧を説明したわけですが、熱についても同様に小さな粒子の運動から説明できるかもしれないと考えたのが、オーストリア出身の若き物理学者ルートヴィッヒ・ボルツマン（1844-1906）です。

熱運動説のネックは、その説をどう数式に落とし込めばよいか見当がつかない（難しすぎる）という点でした。実際、熱の正体を小さな粒子の振る舞いから導き出そうとするとき、無数にある粒子の1つ1つについて方程式を立てて解こうとすると凄まじく煩雑《はんざつ》になり、とても手に負えるものではありません。そこでボルツマンは一計を案じ、個々の粒子の振る舞いについて1つ1つ方程式を立てていくのではなくて、無数の粒子の全体としての傾向を見るという方法をとりました。「木を見ず森を見る」とでも言える方法です。

彼は気体を構成する多数の粒子について、この範囲の速度を持つ粒子は○割あるはずといった形で速度の分布を計算していきました。学生の身長を分布で表すように、粒子の速度の分布を表したのです。ここでポイントなのは、個々の粒子の速度についてはあえて議論せず、全体の分布だけを考えたという点です。

ボルツマンはこのような俯瞰的な視点を取り入れることで理論を構築し、その物質を構成する粒子の平均的な速度が大きいほど温度が高いという関係性があることを突き止めました。つまり、物質を構成する粒子が激しく運動している状態が「熱い」、あまり動いていない状態が「冷たい」と考えればよいということです。ボルツマンの読み通り「気圧」だけでなく「熱」の正体も粒子の運動だとして理論化できたわけです。

ボルツマンの理論は気体だけでなく、固体や液体にも適用することができます。固体や液体についても、それを構成する微細な粒子（現代では分子や原子と呼ばれているもの）の運動が激しいほど「熱い」ということです。１つポイントをお伝えすると、ここで言う「運動」とは、その物体そのものの動きのことではありません。その物体が見た目は静止していたとしても、その物体の内部では原子や分子が絶えず運動しているのです。そのミクロレベルの運動が熱の正体だということです。

粒子の運動と「熱い・冷たい」の感覚は直感的には全く違うものなので、この結論には戸惑われるかもしれません、しかし、人間の感覚器官は、あくまで生存の脅威から生命を守るために進化してきたものです。熱い物体に触れると、私たちの体は「熱い」という不快なシグナルを発生させて危険から遠ざかろうとします。このときにミクロの世界で何が起こっているかというと、（原子や分子が激しく振動している）熱い物体に指先などが触れて、その振動のエネルギー（熱エネルギー）が指先のたんぱく質に伝わり、たんぱく質を構成する分子が激しく振動し始めて、その影響でたんぱく質が壊れてしまう（変性する）ということです。

そのような事態を避けるためのアラームとして「熱い」という感覚を私たちは持っているわけです。

ボルツマンが確立した理論は現在では「統計力学」と呼ばれています。熱に関する理論なのに「熱」という文字が理論名に出てこないため不思議に感じるかもしれませんが、粒子の全体としてのふるまいを統計的な手法で理論化しているためこのように呼ばれます。この統計力学の考え方は当時としてはあまりに斬新で、ボルツマンは学会から激しい批判にさらされることになりました。この批判に精神を蝕《むしば》まれた彼は双極性障害を患い、60代で自殺してしまいます。

こうして、ニュートンが天と地の法則を統一したのに続いて、ボルツマンは正体不明だった熱を運動の法則（ニュートン力学）と統一しました。第1章で出てきた古代ギリシャの哲学者たちは、打倒魔王を掲げて旅に出たものの「木のぼう」くらいしか武器がなかったために四苦八苦し、図らずも壮大な妄想理論を作ってしまったわけですが、彼らが成し遂げられなかった悲願を後世の物理学者たちが少しずつ成し遂げている点に注目していただきたいと思います。より少ない理論で自然界を説明したいという願いは現代物理学にも受け継がれていて、最先端の物理学研究もまさにそういった方向性で進められています。

ダンジョン攻略秘話②：闇に包まれた光の正体

次は第2のダンジョン、光についてです。光の理論についてニュートン以前の時代まで長らく信じられてきたのは、アリストテレスが著作『デ・アニマ（霊魂について）』の中で提唱した「光の変容説」でした。この説では、様々な色は光（白）と闇（黒）が混合することで生まれ、色の違いはその混合比率の違いによるのだと考えます。例えば、太陽の光は白色光ですが、それに照らされた地上の物体は様々な色に見えます。これは、物質が含む闇が白色光に混ざった結果としてそうなるのだと考えるわけです。この考え方は直感的にも理解しやすくて、闇が少ししか混ざってないときは明るめの色（赤や黄色）になり、闇が多めに混ざると暗めの色（青や紫）になると考えます。

このアリストテレスの説は２０００年近くにわたって信じられてきました。しかし、ニュートンが行ったある実験によって、正しさが疑われるようになります。その実験は、１６７２年に王立協会（ロイヤルソサエティ）の刊行物において公表されました。ちなみに王立協会とは、英国王チャールズ2世の勅許を受けて１６６２年に設立された団体で、現代でいう学会のはしりです。といっても、当時はまだ科学研究が職業として確立されていなかったため、学問を愛する人たちが集う知的サロンのような組織でした。王立協会には会員から研究成果を報告する手紙が多く寄せられ、研究発表と情報交換の場として機能していました。現代の科学者は論文の形で研究成果を発表しますが、当時はそのような習慣はまだなかったので、ニュートンは王立協会の定期刊行物である『哲学会報』にエッセイの形で、この光に関する研究結果を公表しています。

ニュートンが実験に使ったのは、三角プリズムという装置です。これは、透明なガラスを三角柱の形に加工したもので、白色光を当てると虹のように様々な色の光が反対側から出てきます。この性質は古くから知られていて、その現象そのものは光の変容説でも説明は可能でした。つまり、入射した白色光はプリズムの中を通って反対側に出てくるわけですが、プリズムの中を通って反対側から出てくるまでの経路の長さが入射位置によって違うため、混ざる闇の量が変わってきて、結果として様々な色が出てくると考えることができるのです。より具体的には、プリズムの中を通った時の経路が長いほど闇が多く混ざり、反対側から出てくるときは暗めの色になっているという考え方をします。

このような当時の定説を確かめるため、ニュートンは次のような実験を行いました。まず小さな穴の開いた板を部屋の窓にはめ、その穴から差し込む太陽光（白色光）をプリズムに当てて反対側から出てくる光の色を観察します。次にニュートンは、プリズムを動かして白色光の入射角度を変えたり、厚さの違う別のプリズムに置き換えたりして、反対側から出てくる光の色に変化が見られるかを観察しました。光の入射角度を変えたり、プリズムの厚さを変えたりすれば、当然ながら光がプリズムを通過する距離は変わってきます。もし光の変容説が正しければ、光がプリズムの中を通過する距離が長くなるほど闇が多く混ざるため、出てくる光はより暗い色（青や紫に近い色）に変わるはずです。しかし、実験では出てくる光の色は全く変わりませんでした。

さらにニュートンは、プリズムを２段構えで使う実験も行いました。具体的には、まず白色光を１番目のプリズムに当てます。そして反対側から出てきた様々な色の光のうち、あえて１色だけを選んで２番目のプリズムに入射させます。このとき、「光の変容説」がもし正しいのだとすれば、２番目のプリズムを通ることで闇がより多く混ざるため色がより暗めになるはずです。例えば、１番目のプリズムから出てきた光のうち赤色だけを選んで２番目のプリズムに入射させた場合は、２番目のプリズムを通過する際に闇がさらに混ざるので、「光の変容説」では赤色よりも暗めの色（青や紫に近い色）にシフトするはずだと考えられます。しかし、ニュートンの実験では、どの色についても2番目のプリズムを通過する前後で色の変化は全く見られませんでした。さらには、2番目のプリズムを通過させたときに光の進行方向が変わる度合い（屈折率）は、暗い色（紫に近い色）ほど大きいことも分かりました。

この実験からニュートンは、「光の変容説」は間違いではないかと考えます。そして、自らの実験結果を素直に解釈して、白色光は色々な光が混ざった姿であってプリズムを通すことで元の色が分かれて出てくるという仮説を立てました。なぜ白色光をプリズムに通すと元の色が現れるかというと、実験で示された通り、色によって屈折率が違うのでプリズムを通すことで進行方向がバラけるからです。

実験で分かったことから光についての重要な仮説を導き出したニュートン。彼は光の正体が何なのかという点についても自らの考察を残しています。

ニュートンは光の正体は非常に小さな粒子であり、色が赤から紫に移るにつれて粒子の大きさが小さくなっていくのだと考えました。つまり、赤の粒子は大きくて進路が曲がりにくいため屈折率が小さく、紫の粒子は小さくて進路が曲がりやすいため屈折率が大きいということです。現代の観点からすると、光の正体は粒子であるという考え方は非常に洞察に富んだものである一方、色によって大きさが違うという点は間違っています。この光の正体は粒子であるというこの仮説は「光の粒子説」と名づけられ、ニュートンという知の巨人から発された説として18世紀を通して広く信奉されました。

ヤングの実験が示す「光の波動説」

こうして光の変容説に変わって、光の粒子説が主流となる中で、これら２つとはまた別の、ひっそりと生き延びていた説があります。それは「光の波動説」です。この説では、光は粒子ではなくて「波」であると考えます。その根拠の１つは、光が互いにぶつかったりしないことです。実際、懐中電灯を２つ用意して、それぞれから出てくる光を交差させてみても、光がぶつかりあって互いの進行を妨げるといったことは起きません。それぞれの懐中電灯から出た光は、何もなかったかのように互いをすり抜けていきます。これは当たり前の話ではあるものの、光の正体を粒子と考えるならば、なぜ互いにすり抜けることができるのかという疑問が残ります。

オランダの物理学者ホイヘンス（１６２９－１６９５）はこの疑問に対し、光は波だと考えれば解決すると主張しました。そう考える理由として、音を例に挙げています。この当時、音が空気の振動（空気中を伝わる波）であることは既に知られていました。

音は互いをすり抜けることができます。例えば、私とあなたが面と向かって同時に歌を歌っても、互いの声は普通に聞こえます。声と声がぶつかり合って地面にバラバラ落ちたりとかしないのは、音の正体が空気の波（振動）であり、波は互いをすり抜けることができるからです。これと同じように、光を交差させてもぶつかったりしないのは、光が波だと考えれば説明できるわけです。

こうして、当時は「光の粒子説」が主流であったものの、「光の波動説」を唱える学者もいるという状況でした。2説が併存する状況はしばらく続きます。しかし、イギリスのトマス・ヤング（1773 - 1829）が行った実験をきっかけに「光の波動説」に注目が集まるようになります。

ヤングの実験装置（図表4 - 1）は、暗室の中に2枚の板と1枚の投影スクリーンを設置しただけのとてもシンプルなものでした。それらは上から順番に1枚目の板、2枚目の板、そして投影スクリーンと並んでいます。1枚目の板にはスリット（細長いスキマ）が1ついていて、2枚目の板には2つのスリットがついています。

あとは上から太陽光を当てるだけで実験は完了です。1枚目の板に太陽光を当てると、そ

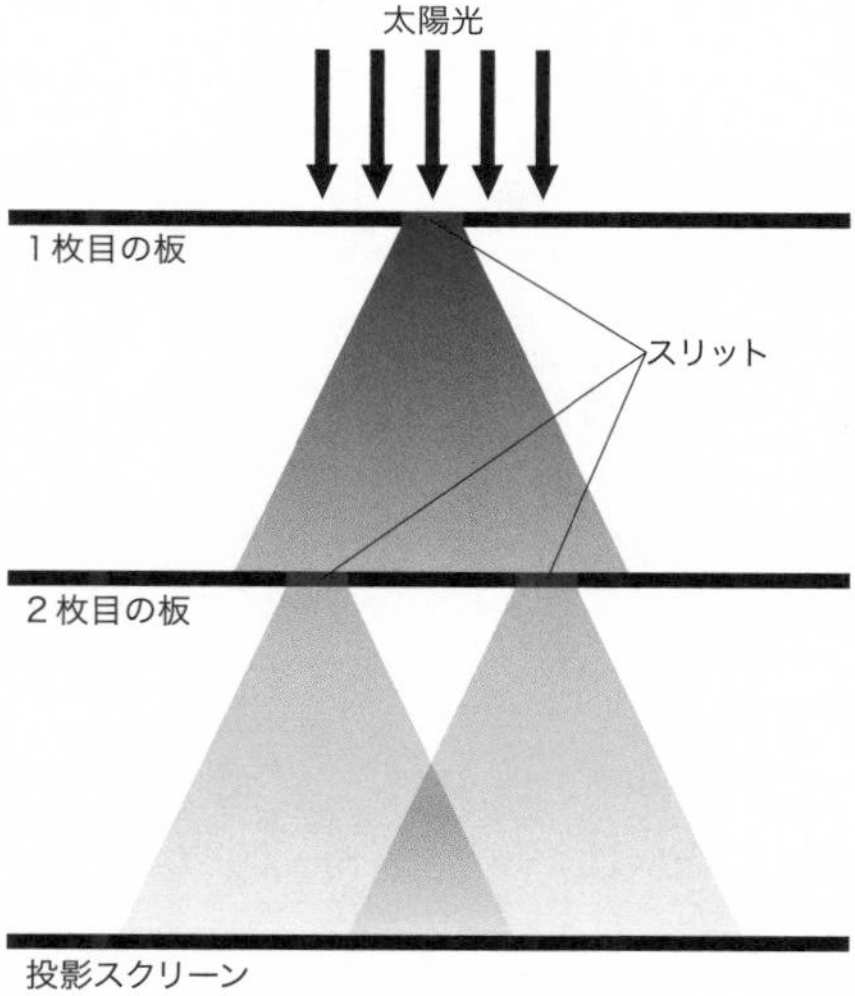

図表４-１　光の波動説を支持するヤングの実験

の一部がスリットを通って２枚目の板に届きます。その光の一部は２枚目の板に開けてある２つのスリットを通って一番下のスクリーンまで届きます。

　ヤングの実験はたったこれだけでした。ですが、結果はとても不思議なものになります。単純に考えると、２枚目の板に開けてある２つのスリットを通ってきた光がスクリーンに投影されるわけなので、スクリーン上には２つの懐中電灯を並べて点灯させたときのように、中央あたりが明るいぼやっとした感じの光の広がりが見えるはずです。しかし実際はそうならず、スクリーン上には光の筋がたくさん現れて縞模様を描くのです。

ヤングはこの実験を根拠として、光の正体は波なのだと主張しました。なぜそう言えるのでしょうか。ここでは、水面を例に考えてみましょう。まず、お風呂の湯舟または子供用のビニールプールなどに水を張って、右手と左手の人差し指を20cmほど離して水面につけます。続いて2本の指を同じリズムで上下に動かすと、水面には2つの波紋が生じます。2つの波紋はそれぞれの指を中心に同心円状に広がっていき、やがて互いにぶつかりあうでしょう。そこで注目して欲しいのは、ぶつかり合った波は互いにすり抜けて進んでいき、干渉縞のようなパターンを描くことです。これは、波が場所によって互いに強め合ったり弱めあったりするためです。波の山同士が重なった場合はより高い山になり、山と谷が重なった場合は相殺します。そして谷同士が重なった場合は深い谷になります。波は互いに干渉して縞状のパターンを描きながらも互いにぶつかることなく進んでいくのです。つまり、光が重なり合ったときに縞模様が見えるという実験結果は、光の正体が波であり干渉が起きているのだと考えれば、説明できるわけです。

逆に、仮に光の正体がニュートンの言うような粒子だとすれば、ヤングの干渉実験を説明することはできません。なぜならば「干渉」は波特有の現象だからです。もし光が粒子なのだとしたら、直感的な予想そのままに、スクリーン上にはぼやっとした光の広がりが映るだけのはずですが、実際の実験結果はそうならなかったわけです。

今まではニュートンの権威によって「光の粒子説」が優位だったわけですが、ヤングの干渉実験によって「光の波動説」が見直されました。結局、光は粒子なのか波動なのかという論争はなかなか決着がつかず、20世紀に持ち越されることになります。この論争は誰も予想しなかった意外な結末を迎えるのですが、それは第5章の楽しみに取っておきましょう！

ダンジョン攻略秘話③：電気と磁気の秘密の関係

不思議ダンジョンのラストは電気・磁気です。静電気の話を本章の冒頭で少し書きましたが、静電気にまつわる現象として記録に残る最古のものは、古代ギリシャの哲学者タレスによる記述です。古代ギリシャでは琥珀が宝飾品として親しまれていましたが、ある時タレスがホコリを取ろうとして琥珀を擦ったところ、かえってホコリがついてしまい、そのことを記録に残したのでした。琥珀を擦ることで静電気が発生し、ホコリを引きつけてしまったのです。この失敗のおかげでタレスは、人類史上初めて静電気現象を記録した人として名が残っています。

現代の私たちは、静電気の原理について学校で習うため、こういった現象を特段不思議に思うことはありません。しかし、触れてもいないホコリが勝手に引きつけられていくという現象は、考えてみればとても不思議です。通常、私たちが何かを自分の方へ引き寄せるときは、直接触れて引っ張るしかありません。触れてもないものを引き寄せることができるとしたら、超能力者ということになってしまいます。しかし、琥珀はそういった不可解な芸当をやってのけるのです。

また、タレスは第1章で紹介したように、磁力についても考察を残しています。第1章の内容を簡単におさらいしますと、古代ギリシャでは、羊飼いの鉄の杖を引きつける岩（現代では磁鉄鉱と呼ばれる）があることが知られていました。タレスは、この触れてもいない物体を引きつける神秘的な力（現代では磁力と呼ばれているもの）について考察し、これは物質に宿る霊魂の働きだと結論づけました。ただの物質にこんな芸当ができるはずがないので、物質を超えた何か霊的な作用に違いないと考えたわけです。

このタレスが考察した（静）電気と磁気は、それぞれ全く別の現象だと考えられてきました。そして科学者による研究も別々に進展していきます。

最初に電気に関して言うと、最も重要な発見をしたのは、ヘンリー・キャベンディッシュ（１７３１‐１８１０）とシャルル・ド・クーロン（１７３６‐１８０６）です。それは、静電気がどれくらいの範囲に影響を及ぼしているのかという研究です。精密な実験の結果、静電気により物体に働く力は距離の２乗に反比例することが分かりました。この法則はクーロンの法則と呼ばれます（先に発見したのはキャベンディッシュですが、長らく注目されず埋もれていたので、のちに再発見したクーロンの名が法則名に冠されています）。

反比例とはつまり、静電気の源から2倍離れると、静電気により受ける力は４分の１になることを意味します。３倍離れると力は９分の１になります。だから、琥珀はすぐ近くのホコリは引きつけるけれども、遠く離れたところにあるホコリは引きつけません。このようにキャベンディッシュとクーロンは、古代から知られていた経験則の明確な法則性を突き止めたのでした。

磁気については、イギリスの医師ウィリアム・ギルバート（１５４４‐１６０３）が重要な業績を残しました。ギルバートはエリザベス女王の従医を務めるほど優秀な医師だったのですが、本業のかたわらで磁気に関する研究を行っていました。その成果をまとめた著書である『磁石論』には、地球が巨大な磁石であるという大胆な仮説が述べられています。当時のヨーロッパでは、羅針盤（今でいう方位磁石）を使った航海技術が広く普及していて、それが15世紀から17世紀にかけての大航海時代を支えていました。つまり、磁石には極性（N極・S極）があり、N極が北を向くということが経験的に知られていたのです。

この経験知を説明したいと思ったギルバートは、磁石が動くのは地球そのものが磁気を帯びているからであり、地球自体が巨大な磁石なのだという仮説を立てました。そして自らの仮説を立証するために地球を模した「テレラ」と呼ばれる球形の磁石をつくりあげたのです。その球体に方位磁針を近づけてみると、針の向く方向が実際に航海を行っているときに羅針盤の針が向く方角と一致しました。

現代の観点から見たギルバートの最大の業績は、地球を模した球形の磁石をつくって実験を行うという「モデル化」の発想を生み出した点です。それまでの物理学では、実験室に入りきらないほど大きな研究対象を扱う場合は、観測と理論的考察に頼っていました。第3章で説明した天文学の発展も、ガリレオなどによる観測と、コペルニクスやニュートンらによる理論的考察の賜物《たまもの》です。太陽系を実験室に持ち込んで観察できれば色々なことが分かるに違いありませんが、残念ながら大きすぎて入りません。同様に、地球そのものは巨大すぎて実験室に入りません。ですが、それを模した「テレラ」であれば実験室に収まるため、色々と試すことができます。このモデル化の発想は現代に受け継がれ、飛行機の模型に風を当てることで機体周辺の空気の流れを分析する実験や、街の模型を使ったビル風の検証、津波が建物に与える被害の検証（ミニチュア版の街に人工津波をぶつける）、太陽風が地磁気に与える影響の研究（地球を模した球形の磁石にプラズマ流を当てる）などで活かされています。

バトンをつないで電気・磁気ダンジョンに挑む

電気・磁気は、このようにそれぞれ別々に解明が進んでいったわけですが、１８２０年に電気と磁気が実は表裏一体のものだという驚きの発見がなされます。その事実を示唆する実験を行ったのはハンス・クリスティアン・エルステッド（１７７７‐１８５１）とアンドレ＝マリ・アンペール（１７７５‐１８３６）です。

エルステッドはデンマークの自然科学教授で、電気に関する実験を行っている最中に、電線に電流を流すと傍にある方位磁石の針が動くことに気づきました。方位磁石の針が動くということは、磁気が発生していることを意味しています。当時は電気と磁気は全く別の現象だと考えられていたので、電流を流すことで磁気が生じるのであれば、電気と磁気に何か関連があることを示す大発見ということになります。エルステッド自身は原因の特定や法則の詳細な解明には至らず、謎を多く残したままこの実験結果を学会へ報告しました。

この報告はやはり学会で科学者たちに衝撃を与えました。エルステッドの報告を読んだフランスの物理学者アンペールはさっそく追試を行い、色々と状況を変えて実験した結果、法則性を正確に突き止めることに成功します。それは、電流が流れる方向に向かって右回りに磁力が発生するというものでした。この法則は「アンペールの法則」と呼ばれていて、右ねじが右回りに回すことで進んでいくことのアナロジーで、別名「右ねじの法則」とも呼ばれます。アンペールの実験は、電気と磁気が互いに関係していることを世界で初めて示した画期的なものでした。

さらに、この発見を知ったイギリス出身の物理学者マイケル・ファラデー（1791‐1867）は「電気が磁気を生み出す現象（右ねじの法則）があるのなら逆の現象、つまり磁気が電気を生み出す現象もあるのではないか」と考えます。そこで彼は、エルステッドとは真逆の実験を行ってみました。具体的には、導線の傍で磁石を動かしてみる（つまり磁気を変化させてみる）というものです。なぜこれがエルステッドの実験と逆になっているかというと、エルステッドの実験は導線に電流を流すと方位磁石が動くというものでした。方位磁石が動くということは導線周辺の磁気が変化しているということなので、「電流→磁気の変化」という因果関係を意味しています。だから、ファラデーは逆向きの「磁気の変化→電流」という因果関係もありうる、つまり、導線の傍で磁石を動かして磁気を変化させると、導線に電流が流れるのではないかと考えたわけです。実験では、ファラデーの予想通り導線に電流が流れました。この現象は電気が磁気の変化から誘導されることから「電磁誘導の法則」と名づけられています。

電磁誘導の本質

ファラデーはさらに電磁誘導の法則について深く追求し、電気や磁気の力は目には見えないけれども空間に広がっていて、それらが電磁気現象の本質なのだという考え方を提唱します。より具体的に言うと、電気を帯びた物体や電流が流れている導線の周辺には「電場」と呼ばれる電気の力を伝える場が発生していて、磁石の周辺には「磁場」と呼ばれる磁力を伝える場が発生しているのだと考えるようになります。

このように考えれば、実験で観測したことの因果関係が明確に整理できます。というのも、電磁誘導の法則は、実験上は「コイルの周辺で磁石を動かすとコイルに電流が流れる」という形で確認できますが、もしコイルが実験机に置かれていない状況で、磁石を動かしたら何が起きるのでしょうか。コイルがないので当然ながら電流を測定することはできませんが、電流を生む原因である「磁石を動かす」という行為そのものは行っているので何かしらの「結果」が生じているはず、つまり電流は流れずとも何か物理的な変化は起きているはずです。そこでファラデーは、自らが考えた電場・磁場の概念を使って次のように因果関係を整理しました。

①磁石を動かす
②磁場が変化する
③電場が発生する
④コイルに電流が流れる（コイルがある場合）

つまり、磁石やコイルなどの実験器具が本質なのではなく、その背後にある「場」が本質なのだと考えたわけです。もう少し詳しくプロセスを説明すると、磁石を動かすことによっ

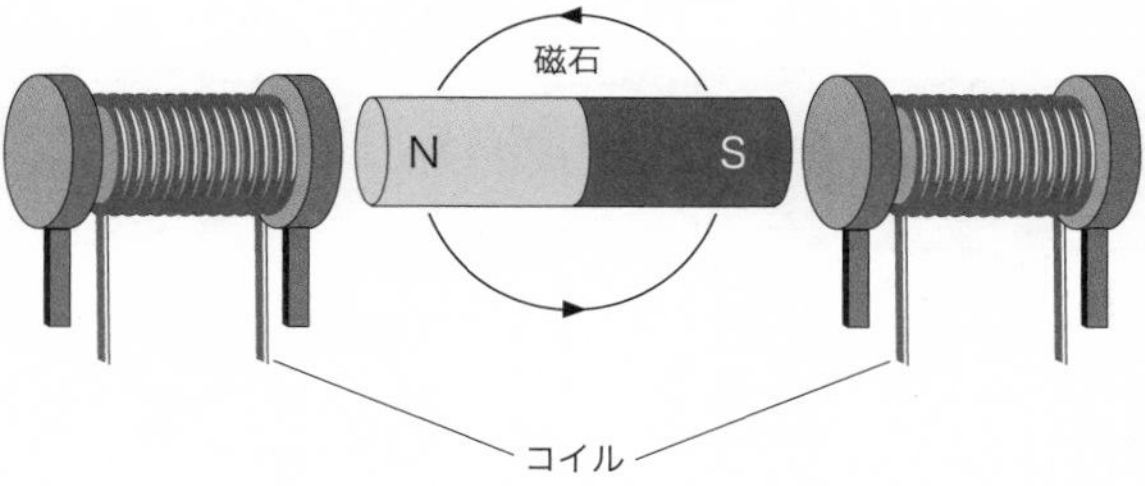

図表４-２　発電機の仕組み

て磁場が変化します。すると電磁誘導の法則によって電場が発生します。電場は目には見えないので何も起きていないように見えますが、そこにコイルを置くと電場から影響を受けてコイルに電流が流れるということです。つまり、電磁誘導の法則は「磁場が変化すると電場が発生する」と言い換えることができます。同じようにして、右ねじの法則も「電流を流す（電場が変化する）と磁場が発生する」と言い換えることができます。

この電磁誘導の法則は、現代では発電機の原理に使われています。この法則は簡単に言えば〝磁石を動かすと電流が流れる〟という法則ですから、電気を生み出す原理として使えるわけです。具体的に言うと、発電機は図表４-２のように磁石の周りにコイルが配置された構造をしています。この磁石を回転させるとコ

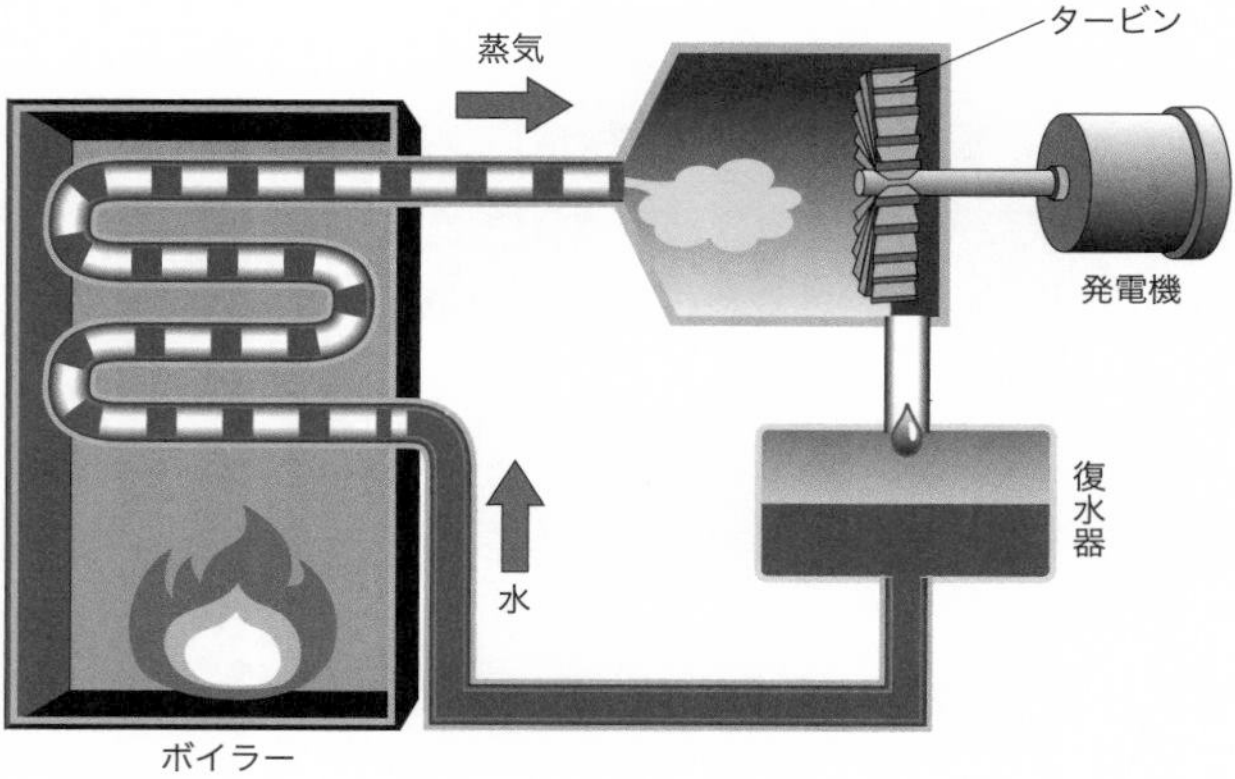

出典：電気事業連合会ホームページの図をもとに作成。

図表4-3　発電機のタービンを回転させる仕組み

イル周辺の磁場が変化するため、電磁誘導の法則により電流が生まれます（補足：磁石は固定されていてコイルの方を回転させるタイプの発電機も存在します）。

コイルを回転させる方法としてはタービン（羽根車）に接続するのが一般的です。原子力発電や火力発電では、原子力や火力で水を熱して水蒸気を発生させ、それをタービンに吹きつけることでタービンを回転させます（図表4-3）。水力や風力発電は、水や風の力でタービンを回転させて電力を生み出しています。つまり「○○力発電」といったときの○○はタービンを回転させる原動力が何かを意味しているだけであり、発電の原理は全て一緒で「電磁誘導の法則」なのです。

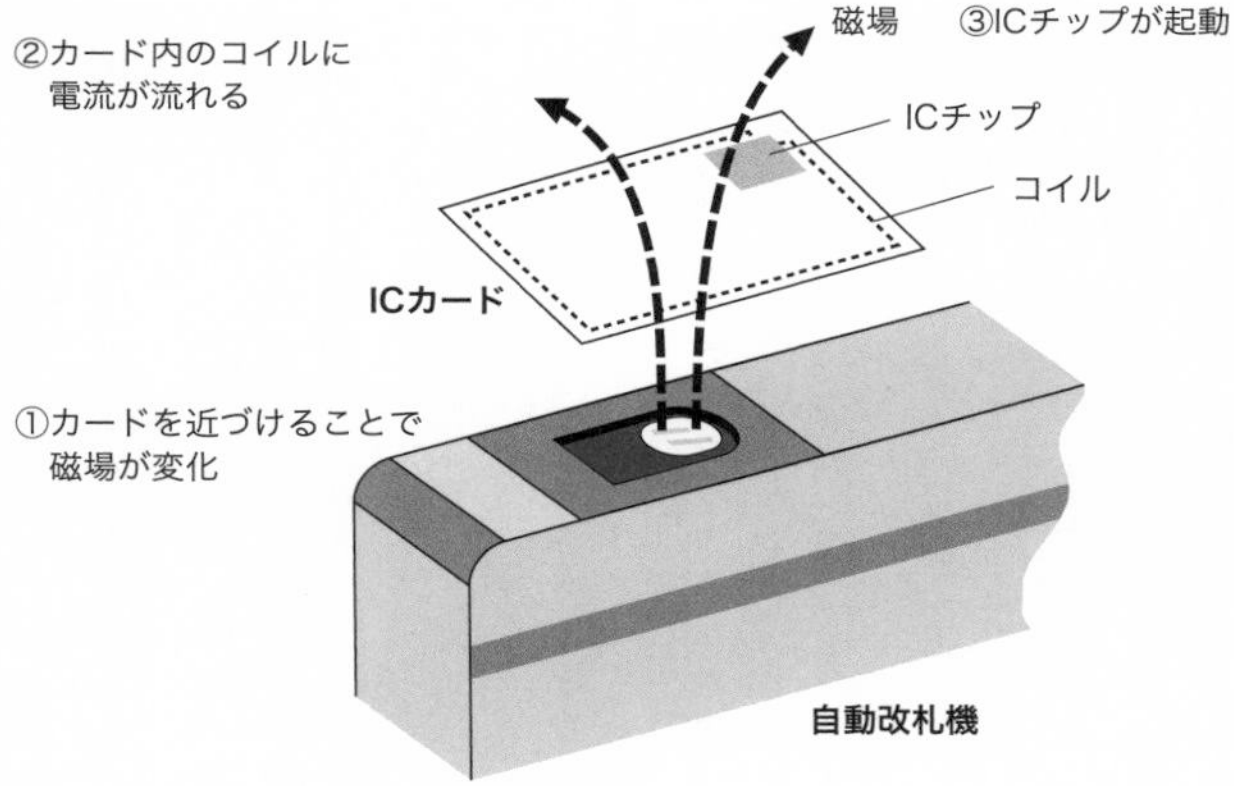
②カード内のコイルに
電流が流れる
磁場
③ICチップが起動
ICチップ
コイル
ICカード
①カードを近づけることで
磁場が変化
自動改札機

図表４-４　交通系ICカードの仕組み

　そのほかにも数えきれないほどの応用例がありますが、身近なところではＳｕｉｃａなどの非接触ＩＣカードにも電磁誘導の法則が使われています。図表４‐４にあるように、実はＳｕｉｃａには小さなコイルが仕込まれていて、改札のカードリーダー（Ｓｕｉｃａを近づけてピッとするところ）には磁石が内蔵されているのです。そのため、改札のカードリーダーにカードを近づけると、カードリーダーに内蔵された磁石から出ている磁場の影響でＳｕｉｃａ内のコイルに電流が発生（電磁誘導の法則）して、ＩＣチップが起動する仕組みになっています。電磁誘導の法則を使って電流を生み出しているために、Ｓｕｉｃａには電池が不要なのです。ＳｕｉｃａだけでなくICOCA、PASMO、楽天Edy、nanacoなども同じ原理です。

原理についてより細かく説明すると、カードリーダーに内蔵されている磁石は固定されていて動かないわけですが、ピッとするためにSuica（中にコイルが入っている）をカードリーダー（中に磁石が入っている）へ近づけるという行為が結果的にはコイルを磁石へ近づけることになっているため、コイル周辺の磁場が変化して電磁誘導の法則によってコイルに電流が流れます。これは先ほど説明したように、磁石の近くでコイルを動かすことで電流を生み出す発電機の原理と同じです。さきほどの○○力発電という流れで考えると、Suicaをカードリーダーへ近づけているのは私達ですから「人力発電」と言えるかもしれません。

このように文明の根幹を支える電磁誘導の法則ですが、ファラデーがこの法則を発見したのは1831年で産業革命が始まったばかりの頃であり、当初はこの法則が何の役に立つのか全く分かりませんでした。残っている逸話として、電磁誘導の法則についてファラデーが公開実験を行ったとき、見物客である地方政府の高官から「この結果が何の役に立つのだ？」と聞かれたファラデーは「これが何の役に立つかは分かりませんが、閣下は将来この結果に税金を課すことになるでしょう」と答えたと言われています。

また余談ですが、ファラデーは貧しい家柄の出で小学校すら十分に通わせてもらえなかっため、ファラデーの最終学歴は「小学校中退」です。そのため高度な数学教育は受けていませんでしたが、その〝数学的センス〟は卓越していて多くの偉大な業績を残しました。ちなみに、エジソンの最終学歴も小学校中退です。高学歴を自慢してくる人がいたら、ファラデーやエジソンの話をしてあげるといいかもしれません。

マクスウェルの予言

こうして、キャベンディッシュとクーロン、ギルバートによって電気や磁気それぞれの仕組みが分かり、エルステッドとアンペールによって電気が磁気を生み出す現象（右ねじの法則）が発見され、ファラデーによって磁気が電気を生み出す現象（電磁誘導の法則）も発見されました。電気と磁気の関係が分かってハッピーエンド。……かと思いきや、実はまだやるべきことが残っています。ニュートンの偉業によって、物理法則を数式で表すことの重要性が広く知られるようになったため、電気・磁気についても実験によって分かったこれらの関係性を数式で表現したいのです。そして、これらの法則を数式で表すことに成功したのがイギリス出身の理論物理学者ジェームズ・クラーク・マクスウェル（１８３１－１８７９）

です。

マクスウェルは、それまで発見されてきた電気・磁気の様々な性質や相互の関係性を、たった4つの数式でまとめて表すことに成功しました。これらの数式はかなり専門的なため、ここで書き記すことはしませんが、まとめてマクスウェル方程式と呼ばれます。

この方程式のすごいところは、単に今まで発見されてきた電気・磁気の諸法則を統一的に表せるという点に留まりません。マクスウェルはこの方程式を使って、その当時知られていなかった物理現象の存在を予言すらしたのです。それは、電気と磁気が波のように振動しながら空間を伝わっていくというもので、電気と磁気の波であることからマクスウェルはこれを電磁波と名づけました。

電磁波がどのような仕組みで生じるのか、ここで整理しておきましょう。やや長くて分かりづらい説明になるので、ご興味のない方はナナメ読みでかまいません。

最初に結論から言うと、交流電流が流れている導線からは電磁波が発生します。そして、「交流電流が流れている導線」は私たちの身の回りにたくさんあります。というのも、発電所から家のコンセントに届いている電気は交流電流だからです。私が今この原稿を書いているパソコンも電源プラグを介してコンセントにつながっており、そのコンセントから伸びているコードには今まさに交流電流が流れているので、電磁波が発生しているわけです。

電気の流れ方には直流と交流の２種類があるという話を耳にしたことがある方もいらっしゃるでしょう。家庭のコンセントは交流ですが、コンビニなどで売っている電池は直流です。実は私たちは無意識にこの違いを認識して使い分けています。思い出してみてください。電池はプラスマイナスの向きを間違えて入れると電子機器は作動しませんが、コンセントは２つの穴のどちらがプラスでどちらがマイナスかは書かれておらず、実際にどちら向きに挿しても家電製品は作動します。

このような違いは、直流と交流で電流の「流れ方」に違いがあることが原因です。より具体的に言うと、直流は電流が常に一方向（プラスからマイナス）へ流れていますが、交流はプラスとマイナスが一定周期で入れ替わっています。そのため、結果としてコンセントはどちら向きに挿しても良いということになるのです。なぜ交流のような妙な電流の流し方をするのかというと、発電所から家庭や企業まで電気を送るときの送電効率が直流に比べて高い（ロスが少ない）からあえてそうしているのです。

前置きが長くなりました。ここからは交流電流が流れている導線の周りに電磁波が発生するのはなぜか考えていきましょう。キーワードは本章で出てきた「右ねじの法則（電場が変化すると磁場が発生)」と「電磁誘導の法則(磁場が変化すると電場が発生)」です。
交流電流の特徴は、電流の向きが一定周期で変化することでした。電流が変化するので右ねじの法則によって磁場が発生します。では次に何が起きるでしょうか? ここはちょっと分かりづらいですが、磁場が発生したということは、磁場がなかった(0だった)ところに磁場が生じたわけですから「磁場が変化した」と言い換えることもできます。そのため、電磁誘導の法則(磁場の変化→電場)により電場が発生します。つまり次のようなプロセスが延々と繰り返されていくのです。

電流が変化することで電場が変化
↓
磁場が発生(右ねじの法則)
↓
電場が発生(電磁誘導の法則)
↓
磁場が発生(右ねじの法則)

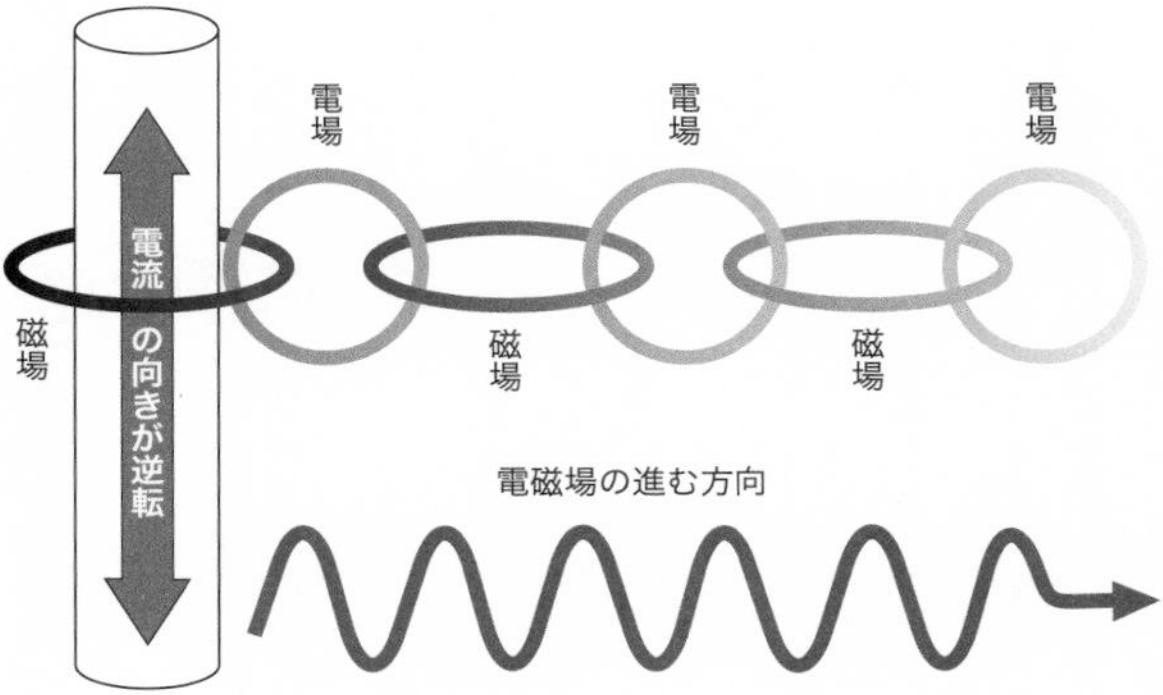

出典：環境省『身のまわりの電磁界について』(2017年) の図をもとに作成。

図表４-５　電磁波が発生する仕組み

←
電場が発生（電磁誘導の法則）
……

つまり、電場が磁場を生み、磁場が電場を生みという連鎖が繰り返され、そうやって発生した電場と磁場の連なりが波となって空間を伝わっていくのです（図表４-５）。これが電磁波です。ニュートンは、自分が生み出したニュートン力学に基づいて地球が扁平であるなどの未発見の事実を予言しましたが、マクスウェルも自身が生み出したマクスウェル方程式に基づいて電磁波の存在を予言したのです。

このように、新しい理論が生み出されたとき、その理論から未発見の物理現象の存在が予言されることがあります。そして、予言された物理現象が実際に実験などで確認された場合、理論の信頼性が一気に高まります。

マクスウェルは、自身が生み出したマクスウェル方程式を詳しく検討することで電磁波が空間を伝わる速度を計算してみたところ、およそ秒速30万kmと算出されました。これは驚きの結果です。なぜかというと、実験的に測定されていた光の速度とほぼ同じだったからです。光の速度を測定する試みは17世紀頃から続けられていて、その当時はアルマン・フィゾー（1819－1896）という物理学者が測定した数値が最新でした。

光速をとらえる

ここで少し横道にはそれますが、フィゾーによる光速度の測定実験は、歯車を使ったとてもユニークなものなのでご紹介しましょう。最初に誰もが気になるのは、光の速度を求めるのに、なぜ歯車が必要なのかということだと思います。

光速度を測る方法として最もシンプルなのは、遠くに鏡を置いて、その鏡に向かって光を

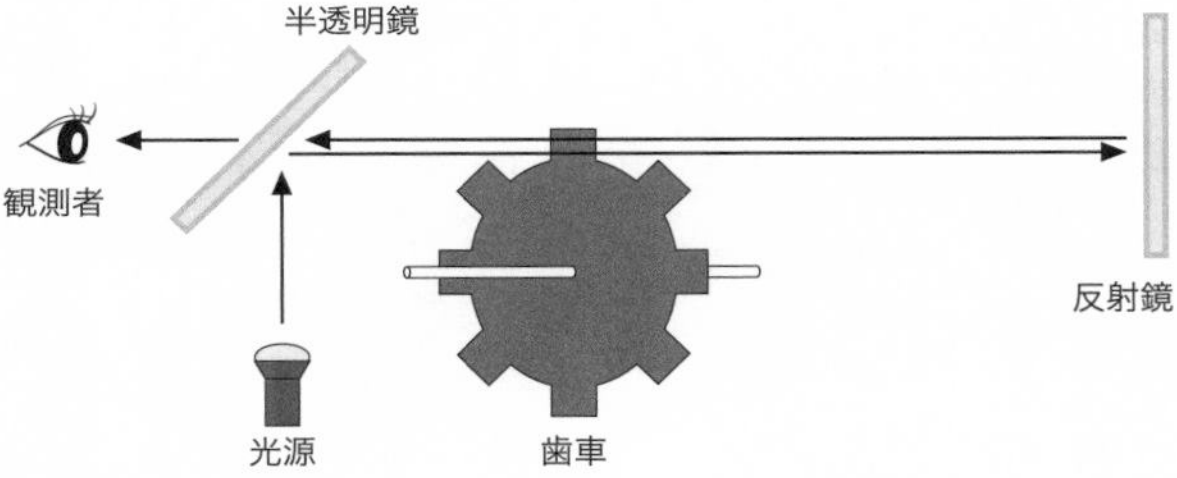

図表４-６　フィゾーの実験装置

放つというやり方です。光が鏡に反射されて戻ってくるまでの時間を測れば、そこから光速度を割り出すことができます。というのも、光は鏡まで到達したあと反射されて戻ってくるため、光源から鏡までの距離をＬとすると、光が戻ってくるまでに２Ｌの距離を進んでいるはずです。ですから「速さ＝距離÷時間」の公式において「距離＝２Ｌ」「時間＝光が戻ってくるまでの所要時間」とすれば、原理的には光速度を求めることができるはずです。

しかし、光はあまりにもスピードが速い（約秒速30万㎞）ために反射されて戻ってくるまでの時間が短すぎて、この方法ではうまく測ることができません。そこで、フィゾーは回転する歯車をシャッター代わりに使って光速度を測るというアイデアを取り入れました。

フィゾーが作った実験装置は図表４-６のようなも

のです。光源から上方向に出た光は半透明の鏡に反射されて右側にある反射鏡へ向かいます。そして、光は反射鏡に反射して戻ってきたあと観測されることになります。歯車は、半透明鏡と反射鏡の間に配置されています。この図表は分かりやすさのために縮尺などを調整していますが、歯車は歯が720個ついた大きなものであり、また歯車から反射鏡までの距離は8・63kmもあります。反射鏡までかなりの距離があることに驚かれたかもしれませんが、この測定は反射鏡までの距離が開いているほどやりやすくなるので、フィゾーは見晴らしの良い平坦な場所で極力離れた位置に反射鏡を設置したわけです。この、歯車の歯の数の多さと反射鏡までの遠さが光速度測定をうまく行う秘訣ですので、頭の片隅に留めておいていただけると幸いです。

実はこのように設定すると、歯車の回転速度によって観測結果に変化が現れるのです。どういうことか、順を追って考えていきましょう。

まずは、歯車が回転していない状態を考えます。歯車が全く動いていなかったとしたら、光は単に歯車の歯と歯の間をすり抜けて反射鏡に到達し、そのまま戻ってくるだけです。つまり、歯車は観測結果に何の影響も及ぼしません。では、歯車を回しながらこの実験を行うとどうなるでしょうか？　光が行って戻るまでの時間はとても短いので、歯車の回転がゆっ

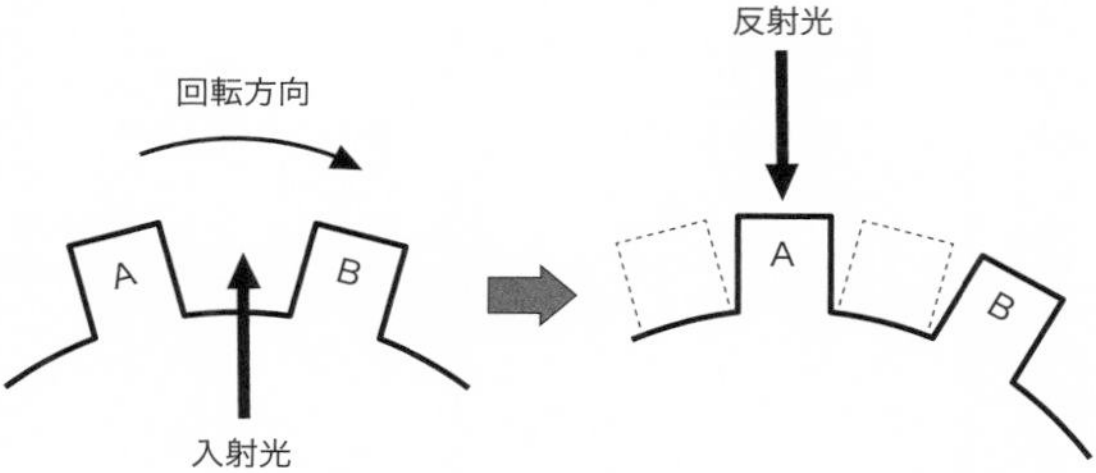

図表４-７　フィゾーの実験で光が遮られるとき

くりのときは止まっているときと変わらずで、光はそのまま歯車の歯と歯の間を素通りしていき、反射鏡で反射されて戻ってくるだけです。ですので、観測者は反射されてきた光をそのまま観測することができます。しかし、歯車の回転を少しずつ速くしていくと、ある時点で観測される光が急に暗くなります。光が反射鏡に向かうときは歯と歯の間をすり抜けることができたのに、（歯車が高速回転しているために）戻ってくるときには歯車の歯の位置が変わっていて、戻ってきた光がちょうど歯に当たって遮られてしまうということが起こるのです。観測者からすれば、行った光が戻ってこなかったために暗く見えるというわけです。

このときに何が起きているのかを図表４-７に示しました。AとBは、歯車にある隣り合った２枚の歯を表しています。最初、光源から放たれて半透明鏡で反射された光は、AとBの間をすり抜けて反射鏡へ向かいます。その後、反射鏡で反射された光は歯車をめがけて戻ってくるわけですが、ここで歯車の回転によって歯Aが右にずれ、光の進路を遮る位置にきたために観測者は戻ってきた光を観測できず、結果として暗く見えたというわけです。フィゾーの実験では、歯車の歯の横幅と、歯と歯のスキマの幅は同じにしてあります。つまり、光が行って戻ってくるまでに歯車が歯1個分だけ回転するケースにおいて、観測される光が暗く見えるという現象が起きます。

次に、回転をさらに速くしていったときのことを考えましょう。回転がさらに速くなると、歯Aは反射光が戻ってくる前に歯1個分よりもさらに先へ進むことになるため、今度は反射光が、図表4-7で示した歯Aの左隣のスキマをすり抜けることになります。従って、反射光は遮られず、観測される光が暗くなることもありません。

以上から、歯車を止まっている状態からだんだん早くしていくと、ある時点で観測される光が暗くなり、その後、また元の明るさに戻ることが分かると思います。実は、このようにして、観測される光が暗くなるピンポイントの回転速度を突き止めることで、そこから光速度を求めることができるのです。補足ですが、光源から放たれた光が半透明鏡に反射して反射鏡へ向かおうとしたときに、回転している歯車の歯に当たって遮られてしまうケースについてはまだ説明していませんでした。このようなケースは反射鏡へ向かう光を歯車の歯が横切る度に起きるため、反射鏡へ向かう光はそもそも周期的に遮られています。その光が反射鏡で反射されて戻ってきたものを観測者が見るので、観測者が見る光は実は「点滅」しているのです。しかし、この点滅自体は光速度の測定に役立たないので無視してしまいます。そして、歯車がある特定の回転数に達したときには、先ほど説明したように反射鏡に反射されて戻ってくる光が全て歯車の歯に当たって遮断されてしまうため、急に光がほぼ見えなくなってしまいます。この、観測される光が「特に暗くなる」回転数を捉えることがフィゾーの実験の要になります。

フィゾーの実験結果から光速度を導いてみましょう。その前に改めて定義を確認しておくと、光速度とは光が１秒間に進む距離のことです。ですから、光速度を求めるには、光が１秒間に何km進むのかを求めればよいことになります。フィゾーの実験では、反射鏡までの距離が片道８・63km、歯車の歯の数は７２０個でした。そして、観測される光が暗くなる歯車の回転速度を調べたところ、毎秒12・６回転のときだと分かりました。

先ほど、光が行って戻ってくるまでの間に歯車が歯１個分の回転をしているとき、観測される光が暗くなると説明しましたが、フィゾーの実験の場合、それは１４４０分の１回転に相当します。なぜならば、歯車には歯が等間隔に720個ついていて、歯と歯の間には、歯の横幅と同じだけの幅を持つスキマがあるからです。つまり、歯が720個、スキマが720個で歯車全体（1回転分）なわけなので、歯1個分は1440分の1回転なのです。

ここまでの情報を整理しましょう。光は歯車が1440分の1回転する間に8・63kmを往復した（つまり8・63km×2＝17・26kmを移動した）ということになります。では、歯車がまるまる1回転する間には光がどれくらい進むかというと、17・26km×1440＝2万4854kmです（小数点以下は切り捨て。以下同様）。ということは、歯車は1秒間に12・6回転しているので、光が1秒間に進む距離は2万4854kmの12・6倍、すなわち2万4854km×12・6＝31万3165km（約31万3000km）と計算できます。これで、光が1秒間に31万3000km進む、つまり光速度は31万3000km／秒ということが分かりました。現代において明らかな正確な光速度は29万9800km／秒であり、フィゾーの求めた結果はそれに近い値なので、彼の光速度の測定は非常に正確だったことが分かります。

歯車を使うというアイデアは革新的で、このような実験を成功させたのは工夫のなせる業です。当時はレーザー光線どころか白熱電球すらない時代なので、光源は単なるランプでした。それなのに8・63kmも先の反射鏡に光が届くのか疑問に思われるかもしれませんが、非常に明るいランプを使って夜間に実験を行うことでその課題をクリアしています。かつ、レンズや鏡をうまく組み合わせて光を平行に進ませることで、遠距離でも光が拡散してしまわないような工夫がなされています。また、歯車の動力は単なる「おもり」でした。歯車は円筒形の筒に連結されていて、その筒には紐が巻き付いていて紐の先端にはおもりがぶら下がっています。仕組みは、おもりが自重で降下していくことによって紐が引かれて筒が回転し、筒に連結された歯車が回転するというもの。重りの重さを変えれば、歯車の回転速度を変えることができます。昔のおもちゃに、まきつけた紐を引っ張ることで回転させる「ベーゴマ」がありますね。手ではなくおもりを使って引っ張るという違いはあるものの、それと原理は同じです。この実験装置には歯車が何回転したのかを表示する回転計もついていて、それで一定時間に何回転したか（つまり回転速度）を割り出していました。

こうして、フィゾーはとても正確に光速度を測定することに成功しました。光のスピードが速すぎるからと言ってあきらめるのではなく、歯車を使うというアイデアと様々な創意工夫によって突破したわけです。

マクスウェルは、マクスウェル方程式から求められた電磁波の理論的な速度が、このフィゾーの実験により測定された光速度と極めて近い値だったことから、光の正体は電磁波だという仮説を提唱します。光も電磁波も秒速30万kmというほかに例を見ない凄まじい速さである上に値も一致するなんて無関係とは到底思えないということです。この予想はのちに正しいことが証明されました。光の正体は電場と磁場の波（電磁波）であることが分かったのです。この結論は「光の正体は何なのか」という長く続いた論争に決定的な影響を及ぼしました。今までは光の正体を粒子だと考える「粒子説」と、波だと考える「波動説」が併存していたのですが、ここにきて一気にその本性へ近づき、光が波でしかも電場と磁場の波であることが分かったわけです。

光が電場と磁場の波であるという話はピンとこない方もいらっしゃるかもしれません。実際、部屋の照明から放たれている光は一見すると電気や磁気とは全然違うもののように思えます。しかし実は、部屋の照明から放たれている「光」の正体は電磁波なのです。私たちがものを見る仕組みを説明しますと、眼球の内側にある網膜に電磁波（＝光）が当たると細胞が反応して脳へ電気信号が送られ「光」として認識されるのです。

ここまでの話を読むと光の波動説に軍配が上がったように思えますが、実はその後20世紀に入ってから大きなどんでん返しがあり、光の正体は摩訶不思議な最終結論に行き着くことになります。波動説と粒子説の戦いは、まさかの「引き分け」で終わるのです。詳しくは第

5章でご説明させていただきたいと思います。

＊　＊　＊

長々と説明してきましたが、本章の最後に20世紀以降の物理学の発展につながる最重要な発見だけおさらいしておきましょう。３つの不思議ダンジョンを攻略して得たお宝は次の３つです。

お宝：物質は小さな粒からできている
お宝：光は電磁波（電場と磁場の波）である
お宝：光の速度は約秒速30万kmである

この3つを手に入れておくと、第5章に進む上で大きな手助けとなるでしょう。次の第5章（最終章）はいよいよ現代物理学の根幹をなす「相対性理論」と「量子力学」の登場です。

第５章

常識や直感は通用しない！
量子力学と相対性理論の世界

レ　ベ　ル：35　**UP!**

ステージ：量子力学と相対性理論の世界

と　く　ぎ：論理的思考

実証

そ　う　び：地動説

ニュートン力学

万有引力

３つのお宝（光速度、光の正体、物質の正体）　**New!**

「波」なのか「粒子」なのか

第4章では、光の正体は一体何なのかという疑問に科学者たちが立ち向かった歴史をたどっていきました。光の正体が小さな〝粒〟だとする「光の粒子説」と、光の正体は波だとする「光の波動説」が対立しているという話でしたね。高名なニュートンが提唱した「光の粒子説」の方が当初は主流でしたが、ヤングの干渉実験によって「光の波動説」にも注目が集まります。さらにはマクスウェルによって光の正体は電気と磁気の波（電磁波）だとする理論が発表され、「光の波動説」は実験（ヤングの干渉実験）と理論（マクスウェル方程式）の両面から強力にサポートされる形となりました。

このようにして、光の正体が波であるという証拠は揃ったわけです。光は波ってことで一件落着……。と、そうなりそうなものですが、実際は簡単にはいきませんでした。というのも、光を波だと考えると説明できない実験結果が出てきたからです。

それは「空洞放射実験《くうどうほうしゃじっけん》」と呼ばれるものでした。この実験は、金属製の容器を高温に加熱したときに容器内部がどんな色で光るかを調べる実験です。時代劇などで刀鍛冶が鉄を炉にくべて真っ赤になったものを打ち延ばすシーンが出てくることがありますね。あのように、金属は熱すると赤またはオレンジっぽい光を放ちます。物体を熱したときに出る熱や光を物理学では「放射」と言ったりするので、金属製の空洞を熱したときの放射を調べる実験ということでこのような名前がついています。

なぜこのような実験をするのかというと、それが溶鉱炉の性能向上につながるからです。

皆さんも、製鉄会社の特集番組などで溶鉱炉の中が真っ赤に燃えている映像をご覧になったことがあるでしょう。空洞放射実験では、溶鉱炉のミニチュア版とも言える金属製の容器を加熱して、容器内部がどのような色で光るのかを調べます。この実験が行われていた当時は産業革命まっただ中で、鉄を製錬するための溶鉱炉の性能向上が経済発展を左右する大きな社会的課題でした。質の良い鉄を作るためには、溶鉱炉を適切な温度に保つ必要がありました。しかし、当時は溶鉱炉のように非常に高温な物の温度を正確に測れる温度計が存在しません。温度は溶鉱炉内部の色から推測するしかありませんでした。そのために、色と温度の関係を正確に把握する必要があったわけです。

溶鉱炉内部の色と言うと、赤色に決まっているじゃないかと思うかもしれませんが、人間の目には赤一色にしか見えなくても実際は様々な色の光が混ざっています。その混ざり方が温度によって変わるので、色を分析することで温度を推定するという考え方が成り立つわけです。実験は、巨大な溶鉱炉をそのまま実験室に運び込むことは不可能なので、金属容器を代わりに使って行われていました。これも第4章で紹介したモデル化の1種です。

しかし、この空洞放射実験の結果は物理学者たちが算出した理論値とどうしても合いませんでした。彼らが求めた理論値とは、具体的には「レイリー・ジーンズの公式」と呼ばれているものです。この公式は光が波であるとみなして算出したものでしたが、実際の実験結果と全然合わなかったのです。

そこで、ドイツの物理学者マックス・プランク（1858－1947）は、色々と数式をこねくり回すことによって実験結果を高い精度で説明する「プランクの公式」を導き出します。理論的な考察から公式を導き出すのではなく、とにかく実験結果を正として、それに合うような数式を作ったわけです。プランクの公式は非常に高い精度で空洞放射の実験結果を再現できていました。しかし、なぜその公式でうまくいくのかという疑問は残ります。

そこで、プランクは公式に隠された数学的な意味合いを探求し、その公式が「光のエネルギーはとびとびの値しかとらない」ことを意味しているのに気がつきました。補足ですが、光はエネルギーを持っていて、例えば太陽電池はその光エネルギーを電気に変換しています。

「とびとびの値しかとらない」というのは別の表現に置き換えると、光エネルギーの量は連続的にどんな値でもとれるわけではなくて、ある値から次の値へデジタル的に変化するということです。言葉だけだと分かりづらいので、食べ物の重さを量る場合でイメージしてみましょう。ジュースは液体なので、１００ｇ、１０１ｇ、１０１・55ｇなど目標の重さにぴったり合わせることが可能です。しかし豆の量り売りだと、豆１粒の重さが最小単位になるので、目標ぴったりにすることは基本できません。このように、光エネルギーにも最小単位があるということです。

　どの程度「とびとび」なのかを見てみましょう。まず、エネルギーはジュール（Ｊ）という単位で表すのですが、１Ｊは１kgの鉄球を10cmの高さから落とした時の衝撃と同程度のエネルギーです。プランクの計算によれば、光エネルギーが０・０００００００００００００００００００００００００００００００００６６２６ジュール（この数字をプランク定数と呼びます。短く表記すると6.626×10^{-34}Ｊ）ずつとびとびになっていると考えると、空洞放射の実験結果をうまく説明できるようになります。いかがでしょうか。もう皆さんもお気づきかと思いますが、「とびとびになっている」といっても、その幅は小数点以下に0がいくつもつくほど（正確には33個）小さいのです。ただ、物理学者にとってはどんな小さい値であろうと、「とびとび」であること自体が驚きであり、謎であり、理解しがたいことでした。プランク自身、光エネルギーがとびとびに変化する原因を突き止めるには至りませんでした。

量子力学の誕生

この謎を解き明かしたのは、20世紀最大の物理学者と称されるアルベルト・アインシュタイン（1879-1955）です。アインシュタインは、プランクの公式は光の正体が粒子であることを示唆していると考えました。エネルギーがとびとびの値しかとらないのは、光が粒子だと考えれば説明できるからです。つまり、光の〝粒〟が1個、2個、3個……と増えていくにつれて、光エネルギーが1個分、2個分、3個分……と、とびとびで増えていくのだと考えるのです。光の粒子が1・5個とか2・23個などといった中途半端な状況はありえないわけですから、光を粒子だと考えれば、エネルギーの値がとびとびにしかならないのはむしろ自然なことと言えるわけです。この仮説は光を量子（＝粒）と考えることから「光《こう》量子仮説《りょうしかせつ》」と呼ばれます。

とはいえ、プランクの公式に分かりやすい解釈を与えるというだけでは、ほかの学者たち

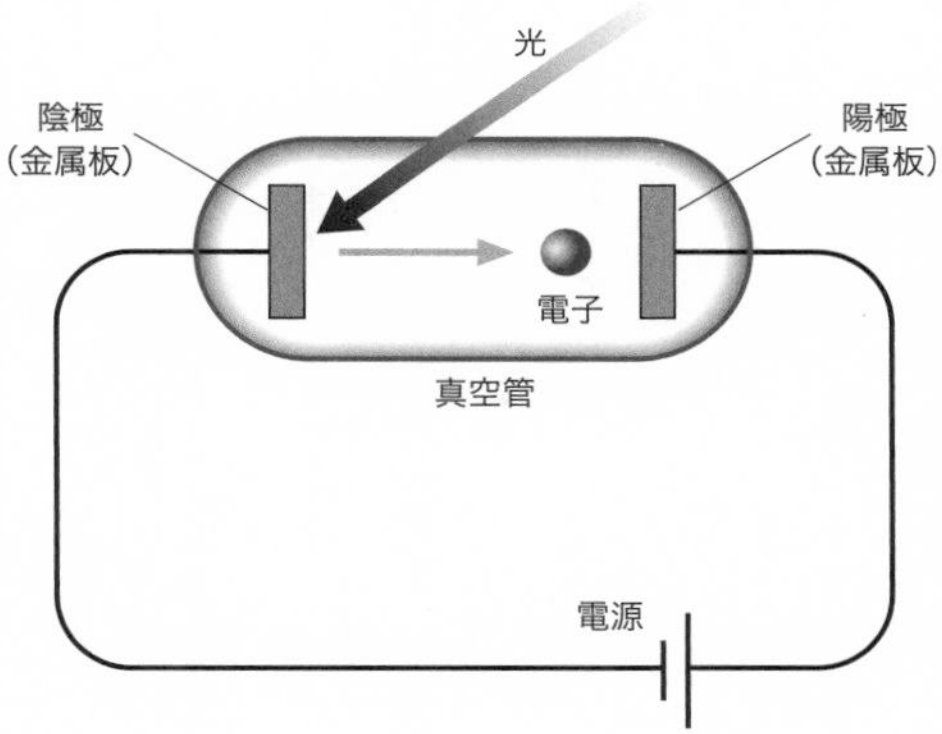

図表５-１　光電効果とは

を納得させるには論拠が足りません。そこでアインシュタインは光電《こうでん》効果と呼ばれる現象に着目し、この現象こそ光が粒子である根拠だと考えました。

光電効果はドイツの物理学者ハインリッヒ・ヘルツ（１８５７-１８９４）が発見した現象で、金属に光を当てると電子（電気を帯びた粒子）が飛び出すという現象です。この現象は、光が金属から電子を弾きだすことによって電流が流れるのだと考えられていました。実験装置は図表５-１のようなもので、真空容器の中に２枚の平行な金属の板を設置して電圧をかけ、そこに光を当てます。２枚の金属版の間にはスキマがあるので、そのままでは電流が流れませんが、光を当てると光電効果によって電子が飛び出すために電流が流れるという仕組みです。

光電効果を光の波動説に基づいて説明する際は、浮き輪をつけて海に浮かんでいる子供が高波にゆられて大きく上下動をするように、やってきた光の波に電子が揺さぶられることで勢い余って外に飛び出してしまうのだと考えます。しかし、弱い青色の光を当てたときは電流が流れるのに、強い赤色の光を当てたときは電流が全く流れないことが分かり、それが光の波動説では説明できずにいました。というのも、光の波動説においては、光の強さは波の振幅の大きさ（＝波の山の高さ）で表されます。そのため、光が強いほど振幅が大きくなるので金属中の電子を大きく揺さぶり、より多くの電子が出てくるはずだからです。つまり、光の波動説に従えば、単に光を強くすればするほど飛び出す電子が多くなるだけで色は関係ないはずなのに、実際は光の色によって電子の出てきやすさが全然違ったのです。

この現象を、アインシュタインは光量子仮説に基づいて次のように説明しました。大前提として、光量子仮説では、光の強さは「光量子（光の粒子）の個数」で表されます（個数が多いほど強い光）。光の波動説では、光の強さは振幅の大きさで表されたことを思い出してください。光の強さに関する捉え方が光の波動説と光量子仮説では大きく異なるという点がポイントです。そして光量子仮説では、1個1個の光量子が持つエネルギーの大きさは、光の色によって異なると考えます。具体的には、赤い光の場合は１個１個の光量子が持つエネルギーが小さく、青い光の場合は大きいとします。すると、金属に強い赤色の光を当てたときは、小さいエネルギーを持つ光量子が沢山やってきて電子にぶつかるわけですが、１個１個の光量子が持つエネルギーが小さいために電子はびくともせず、金属から飛び出しません。一方、弱い青色の光を当てたときは、大きなエネルギーを持つ光量子が少ないながらもやってきて電子にぶつかります。すると、１個１個の光量子が持つエネルギーが非常に大きいために１回ぶつかっただけで電子がはじき出されてしまいます。このように考えると、実験結果を上手く説明できるわけです。余談ですが、光電効果は現代では光センサーの原理に使われています。金属に光があたると電子が飛び出す（＝電流が流れる）ことを利用して、光が当たると電流が流れて知らせるセンサーとして活用されています。

イメージをつかむために、光のエネルギーについて具体的に計算してみましょう。例えば、私たちが目で見ている光の振動数は数百兆ヘルツ（ヘルツとは１秒間に振動する回数を表す単位。１秒間に１回振動する場合は１ヘルツ）です。つまり、私たちが見ている光は１秒間に数百兆回という凄まじい振動をしているわけです。ここでは計算を分かりやすくするために、光の振動数が区切りよく１０００兆ヘルツ（１秒間に１０００兆回振動する）で、光量子が１

000京個（京は1兆の1万倍）あるとしましょう。すると、合計の光エネルギーは式5-Aのように計算できます。

$$\text{光エネルギー} = \text{プランク定数} \times \text{振動数} \times \text{個数}$$
$$= 6.626 \times 10^{-34}\,\mathrm{J} \times 10^{15}\,\mathrm{Hz} \times 10^{19}\text{個}$$
$$= 6.626\,\mathrm{J}$$

式5-A

先ほどの光量子仮説と式5-Aとの関係を言うと、光の色は「振動数」として式に反映されています（赤い光は振動数が小さく、青い光は振動数が大きい）。また、光の強さは「個数」として式に反映されています（光量子の個数が多いほど強い光）。

このように計算自体は単なる掛け算なのですが、式5-Aを本当の意味で理解するのは物理学者とて容易ではありません。というのも、この式に出てくる振動数とは、光を波だと考えたときの1秒間の振動回数のことを意味します。一方で個数とは、文字通り光を粒子だと考えたときの個数を意味しています。つまり、この式には「波」としての光と「粒子」としての光が両方出てきているのです！　光は「波」でもあり、同時に「粒子」でもあるのだと考えなければ光のエネルギーは計算できないということです。

ここまでの顛末《てんまつ》を読んで、混乱された方も多いのではないでしょうか。長きにわたる議論

	光は波	光は粒子
実験	ヤングの干渉実験	光電効果
理論	マクスウェル方程式	プランクの公式

図表５-２　波動説・粒子説をそれぞれ支持する実験と理論

のすえに、光が波である証拠と粒子である証拠が両方とも揃ってしまったのです。おさらいすると、図表５-２のような対応関係になります。

ここで重要なのは、波と粒子のいずれの説も実験によって裏打ちされているという点です。光に関する物理現象をすべてきちんと説明するためには、光は波と粒子の両方の性質を兼ね備えていると考えなければならないのです。このような「波動と粒子の二重性」はそれまでの物理学には全く存在しなかった異質な概念であり、ここから全く新しい物理学である「量子力学」が生まれていきます。

「そんな大げさな……光だけが変てこりんで仲間外れだっただけじゃないの？」と思われるかもしれません。しかし、実はそうではなく、身の回りの物体や私たちの体を作っている物質でさえも「波動と粒子の二重性」を持つことがのちの研究で分かっていきます。次は今までと逆の「粒子と思っていたものが実は波動だった！」という話をしたいと思います。

初めて電子を観察した実験

光とは逆に、物質はもともと小さな粒子（原子）からできていると考えられていました。これは第4章に出てきたベルヌーイやボルツマンのくだりで紹介した通りです。

ところが、デンマークの物理学者ニールス・ボーア（1885－1962）らによって原子の研究が進められていくうちに、物質を単に粒子と考えるだけでは原子の理論的な説明が十分にできないことが分かってきました。フランスの物理学者ルイ・ド・ブロイ（1892－1987）は、ボーアの研究結果を受けて、物質が波としての性質を持つという仮説を博士論文として発表し、のちにその論文の主張が証明されてノーベル賞を受賞することになります。アインシュタインは波だと思われていた光について粒子であると主張したのに対し、ド・ブロイは粒子だと思われていた物質について波であると主張したわけです。つまり、図表5－3のような関係です。

物質が波の性質を持つと結論するに至るまでの歴史は非常に複雑かつ専門的であり、細かく追うと辞書のような分厚い本になってしまうため、詳細に踏み込むことは避けたいと思い

	提唱者	話の流れ
光	アインシュタイン	波→粒
物質	ルイ・ド・ブロイ	粒→波

図表５-３　光と物質それぞれで「波動と粒子の二重性」を説いた提唱者

ます。ここでは納得感を高めていただくために、物質が粒子および波としての性質をそれぞれ示す有名な実験を紹介しましょう。

これまでに、身の回りの物体や私たちの体は原子からできていて、その原子は原子核と電子からできていると聞いたことがあると思います。実は、この電子は「波動と粒子の二重性」を持っていることが実験で確かめられています。

原子が原子核と電子からできていることは、19世紀から20世紀にかけて少しずつ解明されていきました。電子を目に見える形で初めて確認したのは、１８６９年の陰極線を発生させる実験です。図表５-４はその実験装置の写真になります。真空容器（＝空気を抜いた容器）にプラスの電極（＝陽極）とマイナスの電極（＝陰極）が取りつけられていて、電圧をかけると電極から放射線のようなものが放たれています。これは「陰極線」と呼ばれています。写真では容器の左側に陰極、右側に陽極が取りつけられていて、陽極側には十字架状の金属片が設置されています。写真を見ると、陰極線の進路に金属片を配置す

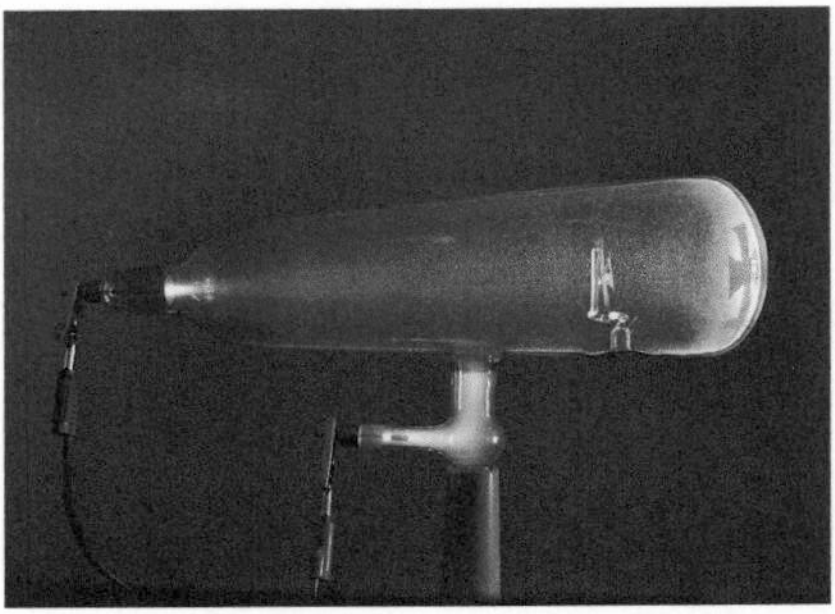

出典：“Lateral view of a sort of a Crookes tube described in the german Wikipedia with a standing cross” by D-Kuru (2007) is licensed under CC BY-SA 2.0 AT (https://commons.wikimedia.org/wiki/File:Crookes_tube-in-_use-lateral_view-standing_cross_prPNr%C2%B011.jpg?uselang=ja)

図表５-４　陰極線

ると陽極側で影ができることから、陰極線はその名の通り陰極側から放たれていることが分かります。

陰極線は電極に電圧をかけることによって発生するので、陰極線は電気の流れなのだと考えることができます。そして、先ほど説明したように、陰極線を構成する「何か」は陰極側から陽極側へ飛んでいます。つまり陰極側から何かが放たれていて、それが電流の正体ではないかということが分かったわけです。これが、今では電子と呼ばれているものを初めて直接確認した実験です。

陰極線の実験は、電子が「粒子」であることを示唆しています。というのも、陰極線（＝電子の束）を金属片で遮ることができるというのは、ちょうど散弾銃がコンクリートの壁に当たって止まるのと同じように、粒子である電子が金属片にぶつかって先に進めなくなっている状況だと解釈できるからです。

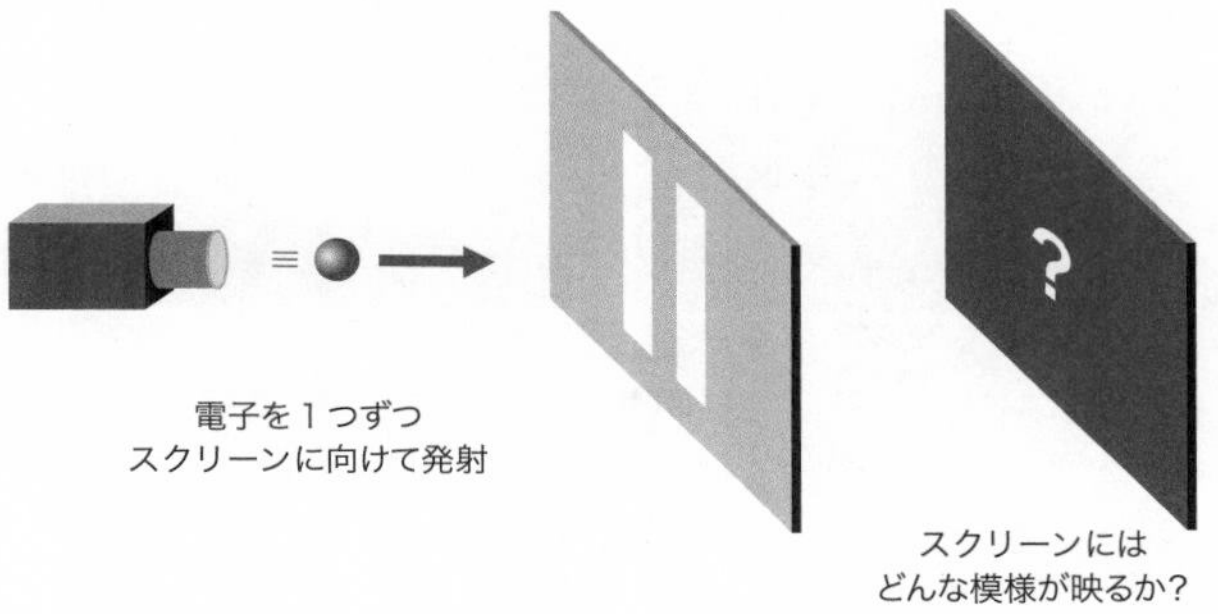
スリットの空いた板
スクリーン
?
電子を１つずつ
スクリーンに向けて発射
スクリーンには
どんな模様が映るか?

図表５-５　二重スリット実験の概要

粒だけれども、どこにいるかは定まらない

一方で、電子が波であることを示す実験結果も報告されました。それが１９６０年代に登場した「二重スリット実験」です。これは、いうなればヤングの干渉実験の電子版とでも言えるものです。具体的には、図表５‐５のように電子を放つことができる装置（電子銃）とスクリーンを用意し、その間に２つのスリット（細いスキマ）がついた壁を立てておきます。その上で、電子を１個ずつ次々と発射していくとどうなるかを示したのが図表５‐６です。電子は壁に当たってスクリーンまで行けない場合もありますが、うまくスリットをすり抜けられた場合は

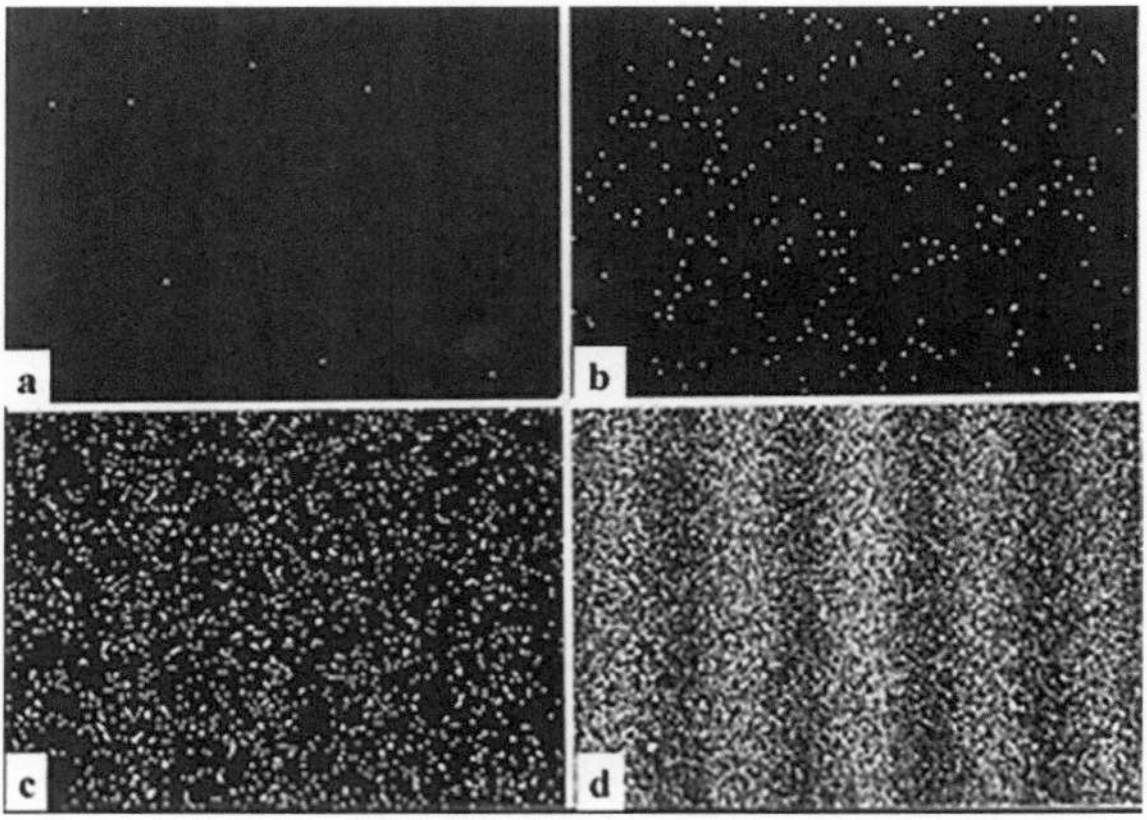

a → b → c → d の順に時間が経過している。
出典："Results of a double-slit-experiment performed by Dr. Tonomura showing the build-up of an interference pattern of single electrons." by Dr. Tonomura is licensed under CC BY-SA 3.0 (https://commons.wikimedia.org/wiki/File:Doubleslitexperiment_results_Tanamura_1.gif?uselang=ja)

図表５－６　二重スリット実験の結果

後方のスクリーンに当たって白い跡を残します。時間経過とともに白い跡がどのようについていくかを図表５－６は写真（時間経過順にａ↓ｂ↓ｃ↓ｄ）で示しています。この写真の通り、最初のうちは跡がぱらぱらと不規則に現れるだけなのですが、しばらくすると写真ｄのような縞模様のパターンが現れてきます。

ここで、第４章で出てきたヤングの干渉実験を思い出してみてください。ヤングの干渉実験では、２つのスリットを通った光が干渉縞を作ることが「光の波動説」の証拠とされたのでした。なぜならば、干渉縞は光が波としての性質を持っているからこそできるものだからです。同様に電子の「二重スリット実験」では、2つのスリットを通った電子が写真dのような干渉縞を作るので、電子が波の性質を持っているという結論が導かれるのです。

この実験結果は、「波動と粒子の二重性」が如実《にょじつ》に表れています。というのも、図表5-6の写真aやbを見れば分かるように、個々の電子はスクリーン上に小さな点状の跡を残すことから紛れもなく粒子であることが分かります。それなのに、電子を次々と発射して跡をたくさんつけていくと、点の密度が高い場所（電子が当たりやすい場所）とそうでない場所が交互に現れて、写真dのような干渉縞を描くのです。つまり、電子は粒子なのだけれども、そのふるまい方の傾向は波としての性質を持つということです。

この「波動と粒子の二重性」をどう理解すればよいのかは非常に難しい問題ですが、現代においてはボーアにより提唱された確率解釈が主流の考え方になっています。これによると、電子は粒子なのだけれども、そのふるまいは確率的にしか決まらないと考えます。今がこうだから将来はこうなると断定することができず、将来の可能性にある程度の幅があるということです。この確率的な振る舞いの部分に波の性質が現れると考えます。もう少し物理学に引き寄せて表現すると、運動方程式を使うことで粒子の動きが将来にわたって確定的に算出できるニュートン力学とは全く異なる考え方をするわけです。将来のふるまいに具体的にどれくらいの幅があるのかは数式で表すことができ、ドイツの物理学者ヴェルナー・ハイゼンベルグ（1901－1976）によって「不確定性原理」として定式化されています。

改めて整理すると、ボーアの確率解釈では、粒子のふるまい方の確率が波としての性質を持っていると考えるのです。そう捉えると、電子はあくまで粒子なのだけれども、それがたくさん集まった全体としてはあたかも波のようにふるまうのだということになります。もっと言い換えると、電子は粒子なのだけれども、それを支配する確率法則が波の性質を持っているために「波動と粒子の二重性」が現れるということです。

この解釈をもとに二重スリットの実験を説明してみましょう。放たれる電子の1個1個はあくまで粒子なのですが、その動きは「確率の波」に支配されています。量子力学では、この確率の波を表す関数（＝数式）のことを「波動関数」と呼びます。電子1個が電子銃から放たれたとき、目には見えない確率の波が水面の波紋のように空間を広がっていき、2つのスリットから漏れ出ていきます。そして、それぞれのスリットを通った確率の波は互いに干渉を起こします（図表5－7）。つまり、山と山（または谷と谷）が重なった場合は強め合っ

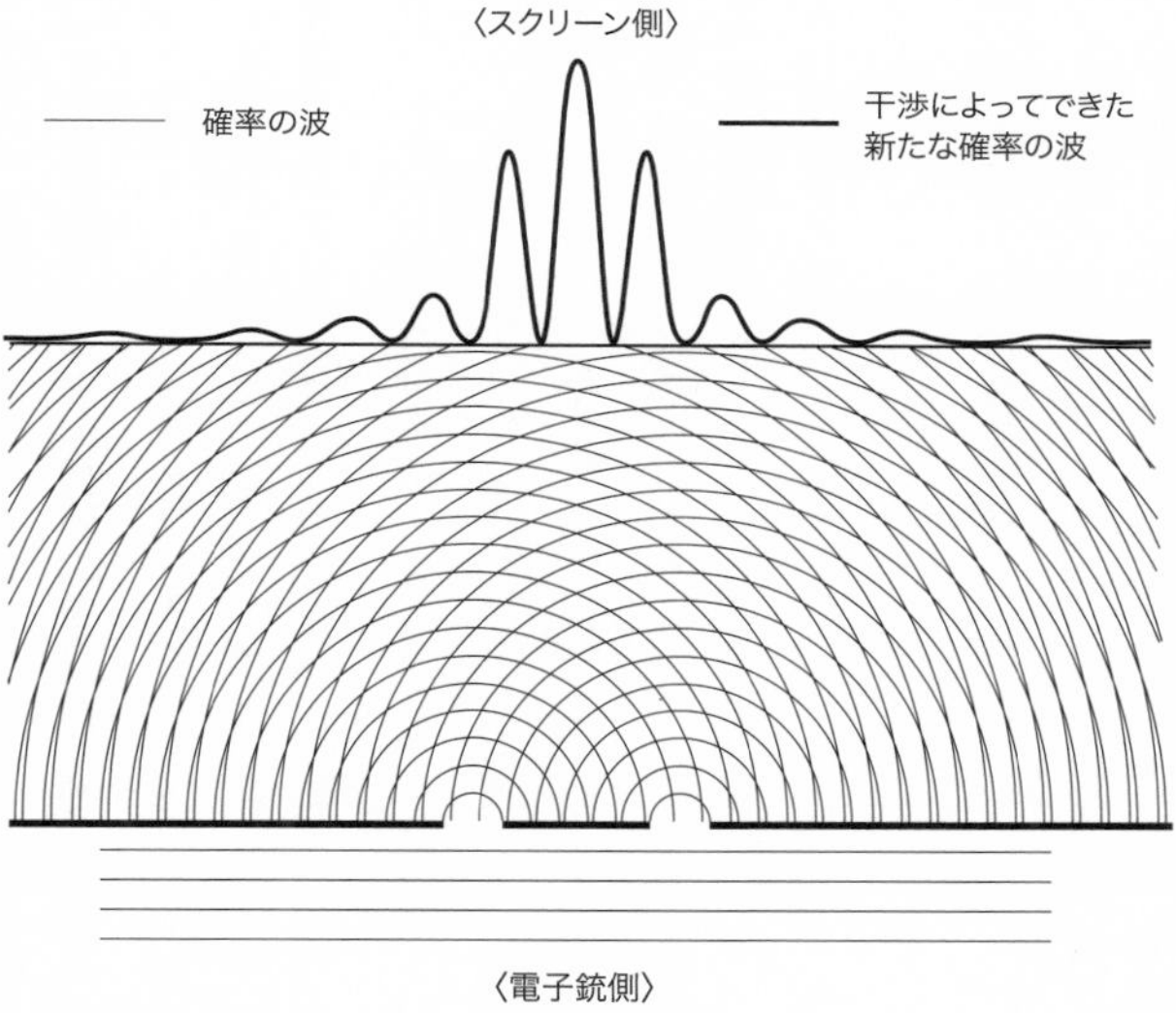

図表５-７　確率の波が干渉縞を作る原理

てさらに高い山（深い谷）となる一方、山と谷が重なった場合は弱め合うことで濃淡が生まれるわけです。その結果として、スクリーン上に確率の高いエリアと低いエリアが交互に現れます。電子は、スクリーン上の確率の高い部分に当たりやすく、確率の低い部分には当たりにくいため、多くの電子を放出した全体としての結果は縞模様のパターンを作るということです。電子の背後に波動関数という黒幕がいたわけです。

オーストリア出身の物理学者エルヴィン・シュレディンガー（１８８７-１９６１）は、このような考え方を具体的に数式に落とし込んだシュレディンガー方程式を生み出しました。シュレディンガー方程式は、色々な物理的条件の下で波動関数がどうなるのか（すなわち電子のふるまいがどうなるのか）を導き出すための数式です。二重スリット実験のみならず、電子に関するあらゆる実験結果とシュレディンガー方程式による理論的な予測値は非常に高い精度で一致します。つまり、電子が「確率の波（＝波動関数）」によって支配されていると考えると、電子についての様々な実験結果を非常にうまく説明できるわけです。

ニュートンといった過去の物理学者は、この物質の持つ波としての性質に気づくことはありませんでした。その理由は単純で、原子の中身にまで踏み込まないと波としての性質が現れてこないからです。20世紀に入って実験技術が急速に高度化し、原子の中身にまで研究が及んで初めてニュートン力学では説明のつかない現象が確認され、量子力学の誕生につながったわけです。

相対性理論のきっかけ

20世紀には、量子力学と時を同じくして、物理学史を大きく塗り替えるもう一つの理論も産声を上げました。それが、かの有名なアインシュタインによる「相対性理論」です。この理論が生まれるきっかけとなったのは、第４章で出てきたマクスウェル方程式と、今から紹介するマイケルソンとモーリーの実験です。第４章で、マクスウェル方程式から光速度が秒速約30万km（光速度はぴったり秒速30万kmではないのですが、毎回「約」と書くのも煩雑なので、今後は「約」を省略します）であることが数学的に導きだせるという話をしましたが、これが実は当時としては大問題だったのです。

なぜそれが大問題なのかというと、観測者の運動の状況にかかわらず、常に光速度が秒速30万kmだということがありえないはずだからです。そもそも「速度」とは相対的な概念であり、「ガリレイの相対性原理」が成り立つと考えられていました。最初にガリレイの相対性原理とは何かを理解するために、ドラゴンを追いかける勇者たちに登場してもらいましょう。

勇者一行がバベルの塔で休息をとっていたところ、塔の横を巨大なドラゴンが横切り南へ飛んでいきました。南には王都があるのでドラゴンを行かせるわけにはいかず、勇者一行はさっそく飛行船でドラゴンを追いかけました。ドラゴンは時速２００㎞で南へ飛行しています。一方、勇者一行の飛行船は時速１００㎞で同じく南へ向かっています。勇者一行から見たときドラゴンは時速何kmでしょうか？

この問題の答えは直感的にも分かりやすいと思います。答えは時速１００kmです。１時間でドラゴンは２００km進んだのに対して、飛行船が進んだのは１００kmであり、両者の距離は１００kmあります（勇者一行は引き離されているということです……）。つまり、飛行船を基準に見ると、ドラゴンは１時間で１００km進んだことになるので、勇者一行から見るとドラゴンは時速１００kmで飛行しているというわけです。

より分かりやすい例として、ドラゴンも飛行船もともに時速２００kmの場合を考えましょう。１時間でドラゴンは２００km進み、同じく飛行船も２００km進んでいるので、飛行船から見てドラゴンは遠ざかっても近づいてもいないことになります。つまりこの場合、飛行船から見たドラゴンは時速０kmです。

このような思考実験は、やる必要もないくらい当たり前のことに感じます。日常的な感覚では、速度は「相対的」な概念であり、自分自身がどう動いているかによって相手の見かけの速度は変わるわけです。しかし、マクスウェル方程式は、光速度がいついかなる場合も常に秒速30万kmだと断言します。たとえ、光と同じ方向に秒速20万kmで移動しながら光速度を

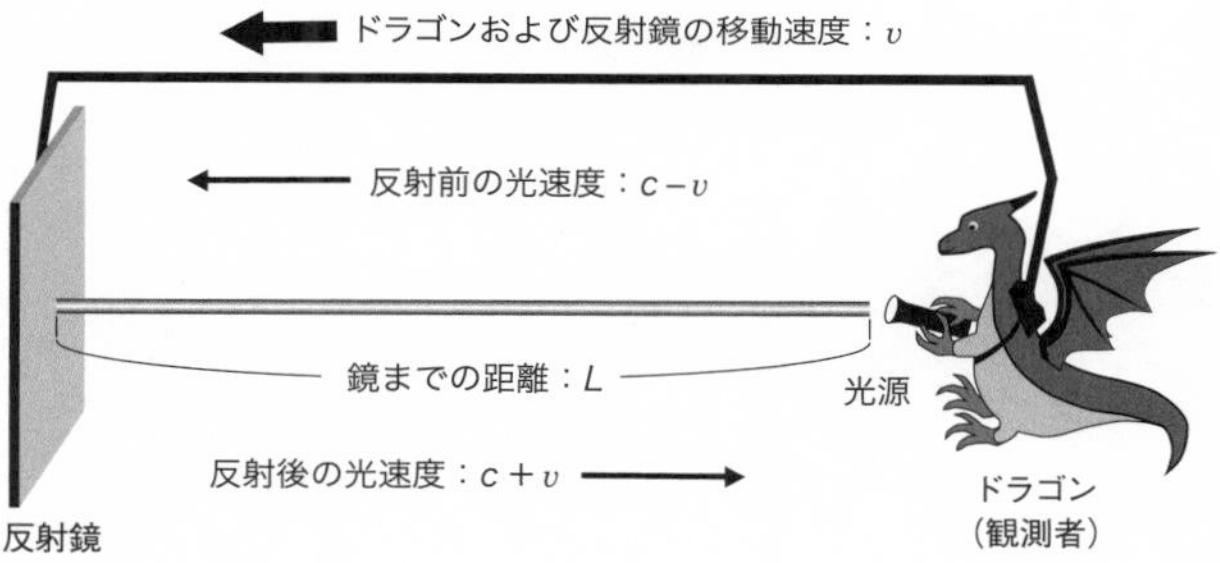

図表５-８　インテリドラゴンによる光速度の測定

測定しても、光速度は（秒速10万kmではなく）秒速30万kmと測定されるということです。そんなことがあり得るのでしょうか？

結論から先に言うと、たとえ光と同じ方向に秒速20万kmで移動しながら光速度を測定しても、光速度は秒速30万kmと測定されます。つまり、マクスウェル方程式の計算結果は正しくて、光速度はいついかなる時も秒速30万kmなのです。なぜそのようなことが成り立つのかを理解するために、ここで博識なドラゴンさんに登場してもらいましょう（図表５-８）。

超博識なドラゴンが光速度を測定したところ秒速30万kmだったとします。どうやって測るったかというと、３km先に鏡を置いた上でレーザー光線を鏡に向かって発射し、その光が鏡に反射されて戻ってくるまでの時刻を測ったのです。鏡までの往復距離は6㎞（＝3㎞×2）です。光は発射してから20マイクロ秒（10万分の2秒）で戻ってきたので光速度は秒速30万㎞（10万分の1秒で3㎞→1秒で30万㎞であるため）だとドラゴンは算出しました。次に、ドラゴンは実験設備をまるごと持ち上げて、光の進行方向に秒速10万㎞で飛行しながら同様の実験を行いました。このとき、測定される光速度はいくらになるでしょうか？

順を追って理解するために、まずはガリレイの相対性原理が成り立つとどういう計算ができるかを見ていきましょう。

もしも光の速度が変化したら

数字だけで議論するとかえって分かりづらくなるので、あえて文字を使って説明したいと思います。光速度をc、ドラゴンの飛行速度をv、鏡までの距離（すなわち実験装置の長さ）をLとしましょう。光が鏡へ向かっているときは、ドラゴンと実験装置が共に光の進行方向へ速度vで進んでいるので、ガリレイの相対性原理によりドラゴンから見た光の速度はc－

光速度：c　ドラゴンの飛行速度：v　鏡までの距離：L

$$時\quad 間 = \frac{L}{c-v} + \frac{L}{c+v} = \frac{2Lc}{c^2-v^2} \quad ①$$

$$光速度 = 2L/\frac{2Lc}{c^2-v^2} = 2L\left(\frac{c^2-v^2}{2Lc}\right) = \frac{c^2-v^2}{c} \quad ②$$

$$光速度 = \frac{c^2-v^2}{c} = \frac{(3\times10^5)^2-(10^5)^2}{3\times10^5} = \frac{9\times10^{10}-10^{10}}{3\times10^5}$$
$$= \frac{8\times10^{10}}{3\times10^5} = 2.67\times10^5 = 26{,}7000\ \mathrm{km/s} \quad ③$$

式５-Ｂ

ｖになるはずです。一方、光が鏡に反射されて戻ってくるときは方向が逆になるため観測者（ドラゴン）は光に向かって速度ｖで進んでいる状況になるわけですから、ドラゴンから見た光の速度はｃ＋ｖになるはずです。そうすると、光が実験装置を往復するのにかかった時間は「時間＝距離÷速度」なので、式５-Ｂ・①となります。

これで実験装置を往復するのにかかった時間が分かったので、ここから光速度を計算してみましょう。「速度＝距離÷時間」で計算できます。距離は先ほど説明したように２Ｌなので、先ほど求めた往復にかかった時間（①）を代入すると、式５-Ｂ・②となります。

最後に具体的な数字を入れて計算してみましょう。光速度ｃは秒速30万㎞でしたね。ドラゴンの飛行速度が秒速10万kmでしたので、それぞれ置き換えると、式5-B・③のようになり、光速度は秒速30万kmではなくなります（注意ですが、この計算はガリレイの相対性原理が光にも当てはまると仮定した場合のものです。のちほど説明するように相対性理論に基づく正確な計算を行うと、秒速30万kmという結果が出てきます）。

このように測定される光速度がドラゴンの飛行速度によって変わるのであれば、ガリレイの相対性原理が光速度についても成り立つのだということになります。一方で、光速度は（常に）秒速30万kmだとするマクスウェル方程式は間違っていたという話になるわけです。

はたしてマクスウェル方程式が正しいのか、ガリレイの相対性原理が正しいのか。決着はやはり実験でつけるしかありません。単純に考えれば、観測者が動いているか否かによって光速度の測定値がどう変わるかを確かめればよさそうです。つまり、光源から離れた位置に鏡を置いて、光が鏡に反射して戻ってくるまでの時間を測ることで光速度を測定します。この時、観測者が動きながら実験をした場合と、観測者が静止した状態で実験した場合とで測定される光速度に違いがあれば、ガリレイの相対性原理が正しかったということになります。

しかし、実はこの方法で実験しようとしてもうまくいきません。その理由は、光速度の変化があまりに小さすぎて測れないからです。分かりやすいように式5-B・②を変形して説

光速度：c　観測者の移動速度：v

$$光速度 = \frac{c^2 - v^2}{c} = c - \frac{v^2}{c} = c\left(1 - \frac{v^2}{c^2}\right) = c\left(1 - \boxed{\left(\frac{v}{c}\right)^2}\right) \quad ①$$

自動車の速度：時速 108 km（秒速 0.03 km）　光速度：秒速 30 万 km

$$光速度の変化量 = \left(\frac{v}{c}\right)^2 = \left(\frac{0.03}{300000}\right)^2$$

$$= 10^{-14} = 0.000000000001\,\% \quad ②$$

式５-Ｃ

明しましょう。②を変形すると光速度は式５-Ｃのように表されます。

つまりは式中の点線で囲った部分が光の速度の変化を表しているのですが、通常はｖが光速度より非常に小さな値になるため、その変化もすごく小さな値になってしまいます。例として、鏡を自動車に乗せて移動しながら実験を行う場合を考えてみましょう。自動車が時速１０８㎞（秒速０・０３㎞）だとしたときの計算をしてみると、式５-Ｃの②となります。これは何を表しているかというと、自動車程度の速さでは測定される光速度は０・０００００００００００１％しか変化しないということです。これでは変化が小さすぎて実験装置で捉えることができません。

このような課題を解決する名案を考えたのがアメリカの物理学者アルバート・マイケルソン（１８５２-１９３１）とエドワード・モーリー（１８３８-１９２３）です。彼らは天然の高速運動、すなわち地球の公転運動を利用しました。コペルニクスやニュートンの活躍によって明らかになったこと（第3章参照）ですが、地球は昔の人々が考えていたように宇宙の中心で静止しているわけではなく、太陽の周りを公転しています。そして、この公転運動は時速10万km（秒速30km）という凄まじいスピードです。彼らはこの動きを利用すれば光速度の変化を捉えられると考えたわけです。また、光速度の変化を捉える方法として光の干渉を利用するという画期的なアイデアも導入しました。こちらについてはのちほど説明します。

マイケルソンとモーリーの実験で暴かれた真実

マイケルソンとモーリーの実験装置は図表5-9のようなものです。

左側の光源から発射されて図中の破線の経路をたどった光は、中央にある半透明の鏡に反射されたのちに地球の公転と垂直な方向（図表5-9でいえば縦方向）を移動します。一方で実線の経路をたどった光は、半透明の鏡を通過してその先の鏡Aで反射して、再び半透明の鏡に戻ってくるので、その間は地球の公転に対し水平な方向（図表5-9でいえば横方向）を

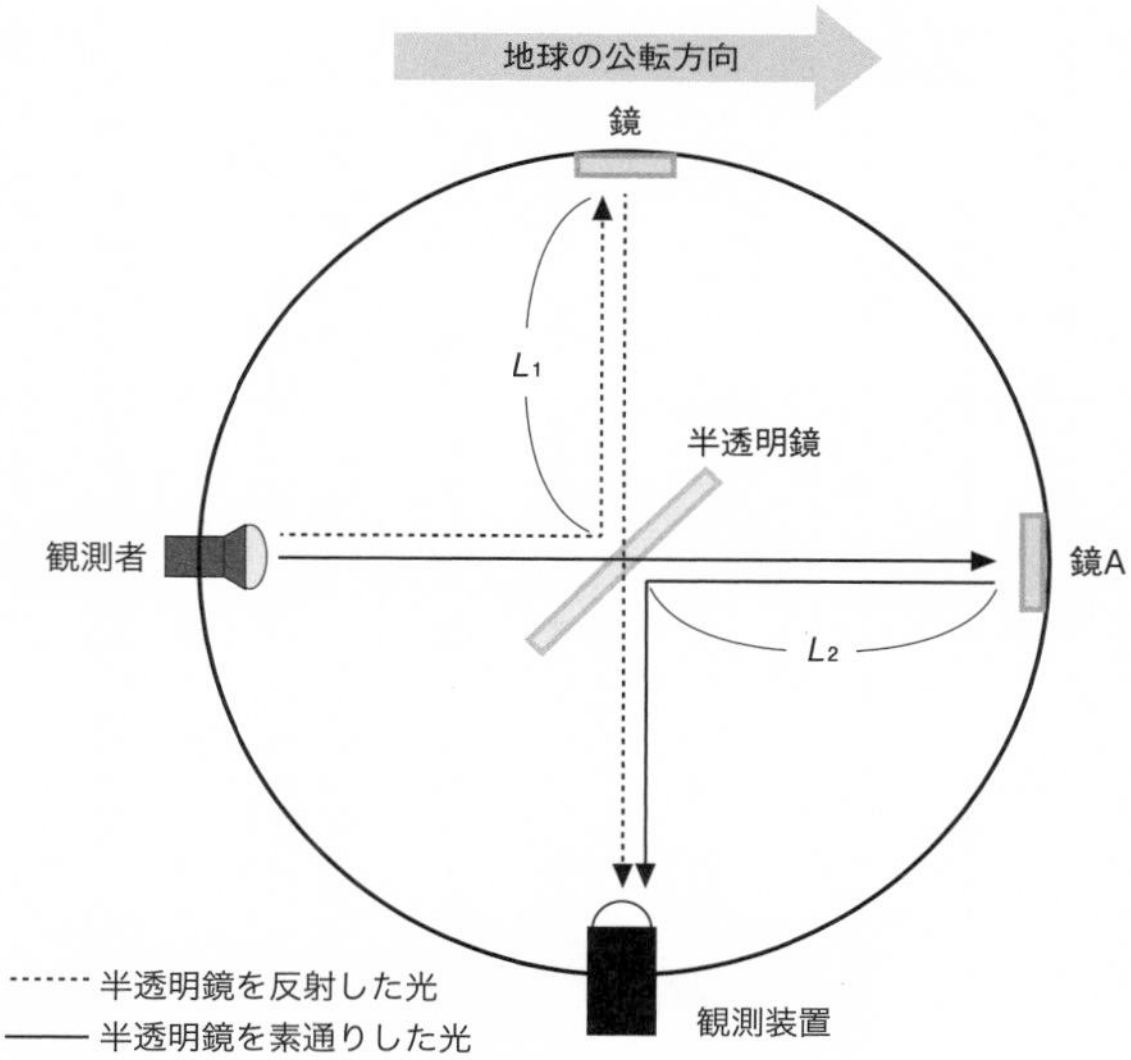

図表5-9　マイケルソン・モーリーの実験

移動します。

地球の公転方向は図表5-9では右向きです。地球の公転速度は秒速30kmなので、実験装置は地球とともに秒速30kmで右向きに移動していることになります。これは、光源から放たれた光から見ると、鏡Aが秒速30kmで遠ざかっていくことを意味しています。この場合、ガリレイの相対性原理が光にも当てはまるとすれば、先ほどのドラゴンの思考実験で計算したように光速度は小さめに出るはずなのでしたね。つまり、実線の経路は破線の経路よりも往復に若干の時間を要することになるはずです。

光源から出た光は実線と破線の経路に分かれ、観測装置において再び重ね合わさります。もし、実線の経路を通る光が観測装置に到達するまでに要する時間が破線の経路と全く同じだとすれば、両者は同時に観測装置に到達したことになります。この場合、単にいったん分かれた光が再び合わさっただけなのでとくに何も起きません。一方で、実線の経路を通る光が観測装置に到達するまでに要する時間が破線の経路よりも長ければ、観測装置に光が到達するタイミングは実線の方が破線より少し遅いということになります。

ここで、光は波であることを思い出してください（光は粒子としての性質も持っているのですが、この実験では波としての性質に着目します）。実線の光と破線の光は、もとは同じ光源から放たれているので波の山と谷が一致しています。しかし、観測装置に到達するタイミングにズレがある場合、実線と破線の光は互いの波がきれいに重ね合わさりません。つまり、波の山と谷の位置が少しずれてしまうのです。そうすると、山と山（または谷と谷）が重なった場合はより高い山（谷）となり、逆に山と谷が重なった場合は弱め合うことになるので光の強弱が縞状のパターン（干渉縞）をつくります。

マイケルソンとモーリーは、この干渉縞を確認することで光速度の変化を捉えようと考えました。実験によって干渉縞がどのようにふるまうかを考えてみましょう。最初に理想的な状況として、２つの光の経路L_1とL_2が全く同じ長さだとした場合を考えます。この場合は、実線の経路と破線の経路が全く同じ長さになるため、もし光速度が変化しない（＝ガリレイの相対性原理が当てはまらない）のであれば２つの経路をたどった光は完全に同時に観測装置に到達することになります。つまり、２つの光は波の山と山、谷と谷が寸分たがわず重なるので干渉縞は全く生じません。一方、観測者の運動の状況によって光速度が変化する（＝ガリレイの相対性原理が当てはまる）のであれば、実線の経路は破線の経路よりも往復に若干の時間を要することになるはずなので、観測装置への到着タイミングにズレが生じます。結果として２つの経路をたどった光は互いの山と山、谷と谷がぴったりは重ならないため干渉縞が生じます。つまり、以下のようにして実験結果を判定できます。

【実験結果の判定】（L_1とL_2が全く同じ長さという理想的な状況の場合）
干渉縞が生じない→光速度が変化していない
干渉縞が生じる　→光速度が変化している

しかし、現実問題として経路L_1とL_2が完璧に同じ長さになるように実験装置を組み立てることは技術的に難しいので、実際は多少の差が生じます。この多少の差があるために、地球の公転運動の方向にかかわらず干渉縞はいつも生じることになります。つまり、実際の実験装置においては、干渉縞の生じる・生じないによって結果を見分けることはできないわけです。

そこで2人は、この実験装置を回転台の上において回転させながら実験を行うという方法を考えました。そうすると、実線と破線の到達時刻のズレは、実線の経路が図表5-9のように地球の公転方向と水平になったときに最大となりますが、実験装置がそれ以外の方向を向いているときは到達時刻のズレがそれより小さくなります（ガリレイの相対性原理に従うと考えた場合）。つまり、実験装置を色々な方向へ向けることによって到達時刻のズレ方が変わり、結果として、実線と破線の光が観測装置に到達したときの波のズレ方が変わります。波のズレ方が変わると干渉縞の形が変化します。つまり、実験装置を色々な方向へ向けたときに干渉縞が移動すれば、それは光速度が変化していることを意味するわけです。逆に、干渉縞の移動が確認できなければ、光速度が変化しているとは言えないことになります。

【実験結果の判定】（L_1とL_2の長さが違う場合）
干渉縞が移動しない→光速度が変化していない
干渉縞が移動する　→光速度が変化している

マイケルソンとモーリーは、光の場合もガリレイの相対性原理が成り立つと考えていました。つまり、光源が動いているか否かで光速度の測定値が変化することを確かめてやろうと思っていたわけです。しかし、実際に実験を行ってみたところ、干渉縞の移動を確認することはできませんでした。2人は納得がいかず、より精度を高めて再び実験を行いましたが、結果は同じでした。この結果をシンプルに解釈すると、観測者の運動状態にかかわらず、光速度は常に秒速30万kmなのだということになります。

当時、この実験結果は大きな論争を巻き起こしましたが、アインシュタインはマイケルソンとモーリーの実験結果をそのまま素直に受け入れ、光速度は光源の動きにかかわらず、常に秒速30万kmになるのだと考えました。そして、それを理論の大前提である「光速度不変の原理」として置き、新しい運動理論を完成させました。それが特殊相対性理論《とくしゅそうたいせいりろん》です。

〝特殊〟とは、物体の速度が一定の場合のみを対象とした理論という意味です。速度が変化するような一般的な状況は対象外なので特殊とついています。この当時はアインシュタインも速度が変化するような場合をどう理論化すればよいか分からなかったので、まずは速度一定の場合に限った形で理論化したということです。のちに、速度が変化するような一般的な状況にも当てはまる「一般《いっぱん》相対性《そうたいせい》理論《りろん》」を発表しています。

特殊相対性理論の根幹である「光速度不変の原理」は、それまでの物理学を根底から覆すような大胆な主張でした。そのエッセンスを理解するために、小学校の頃に習った「速さ（速度）＝距離÷時間」の公式（通称は・じ・きの法則）を思い出してください。速度は移動距離を時間で割ることで計算されるので、光速度が誰から見ても常に一定であるためには、距離（＝空間）や時間の方がつじつまを合わせて伸びたり縮んだりしなければなりません。どういう意味なのか、マイケルソンとモーリーの実験で考えてみましょう。

マイケルソンとモーリーの実験において、具体的に破線の光路と実線の光路でどれくらいの時間差が生じるかを計算してみると、式5-D・①に示したような関係が出てきます。ここで式中のカッコの中に注目してください。L_1は、地球の公転と水平な方向における光路の長さでした（図表5-9参照、225ページ）。仮に、実験装置が静止していたのだとすれば、v＝0になるので「時間差＝係数×（L_1-L_2）」となります。

光速度：c　地球の自転速度：v　鏡までの距離（図表5‐9）：L_1、L_2

$$時間差 = 係数 \times \left(\boxed{L_1 / \sqrt{\left(1-\left(\frac{v}{c}\right)^2\right)}} - L_2 \right) \quad ①$$

静止しているとき（$v=0$）の時間差は②の通りとなる。

$$時間差_{v=0} = 係数 \times (L_1 - L_2) \quad ②$$

ここで、マイケルソンとモーリーの実験では速度が変化しても干渉縞は変化せず、時間差が生まれていなかった。この辻褄を合わせようとすると、L_1の長さはvの値に応じて変化しなければならない。つまり、とても奇妙な話ではあるが、L_1の長さは速度に応じて③の分だけ進行方向に縮むことになる。（①に③を代入すればvがどんな値を取ろうと、②の式となる）

$$L'_1 = L_1 \sqrt{\left(1-\left(\frac{v}{c}\right)^2\right)} \quad ③ \quad （v = 0のときはL'_1 = L_1）$$

式5‐D

ただし、実際のところ実験装置は地球の公転に合わせて秒速30㎞で右方向へ移動しているのでした。マイケルソンとモーリーは実験装置を色々な方向に動かして実験を行いましたが、これはｖを色々な値にしたということを意味しています。そうなると、時間差はｖの値によって変わるために干渉縞が変化するはずですが、実験では干渉縞の変化を確認できませんでした。

実験結果が正しいのだとしたら（その後に何度も追試がされて実験の正しさは証明されました）、驚くべき事実を受け入れなければなりません。というのも、式5‐D・①を見ていただくと、

ｖが入っているのは破線で囲った部分だけだからです。干渉縞が変化しない、つまり時間差が変化しないためには、ｖがどんな値であろうと破線で囲った部分が変化しないということを意味しています。L_1は実験装置の長さを表しているので、ｖがどんな値であろうと、破線で囲った部分の値が変わらないためには、ｖの値に応じて実験装置の長さL_1が変わるしかありません。分かりやすいように、式５-Ｄ・③では静止しているときの実験装置の長さをL^1、動いているときをL'_1としました。

つまり、式５-Ｄ・③が示す通り、速度ｖで運動している物体は、その進行方向に対して、ｖの値に応じて縮むということになります。

運動している物体が縮むというだけでも大変奇妙な話ではあるのですが、時間にまで考察を広げるとさらに不思議な結論に到達します。というのも、空間だけでなく時間も伸び縮みするという結果が出てくるのです。そのことを見るために先ほどのドラゴンの思考実験で考えてみましょう。ドラゴンの思考実験では、光の速度が26万７０００㎞と出てしまいました。しかし、これではマイケルソンとモーリーの実験（＝光速度は変化しないことを示唆）とつじつまが合わないことになります。光速度不変の原理を当てはめて、この思考実験においても光速度が秒速30万㎞と測定されるためには、どこを変える必要があるのでしょうか？

光速度：c　ドラゴンの飛行速度：v　鏡までの距離：L

$$\text{時間}_v = \text{距離} \div \text{速度} = 2L\sqrt{1-\left(\frac{v}{c}\right)^2} \div c = \frac{2L}{c}\sqrt{1-\left(\frac{v}{c}\right)^2}$$

$$= \text{時間}_0 \times \sqrt{1-\left(\frac{v}{c}\right)^2} \quad ①$$

$$\text{光速度} = \text{距離} \div \text{時間} = 2L\sqrt{1-\left(\frac{v}{c}\right)^2} \div \frac{2L}{c}\sqrt{1-\left(\frac{v}{c}\right)^2} = c \quad ②$$

式５-Ｅ

答えは、実験装置の長さLと、光が戻ってくるまでの時間です。静止しているときは長さL（つまり、その往復距離は２L）だった実験装置が、秒速10万kmで飛行しているとき光が戻ってくるまでの時間は式５-Ｅ・①となります（光速度はc＝30万km／秒だと考えられているので、移動距離を速度＝cで割ることで所有時間が出てきます）。ここで２L／c（＝時間$_0$）は、v＝０のときの所要時間を表しているので、動いている場合（時間$_v$）は静止している場合に比べて時間の進みが遅くなっていることが分かります。これは、静止している人から見ると、動いている実験装置は時間の進みが遅くなることを意味しています。つまり、空間だけでなく時間もつじつま合わせで伸び縮みしているのです。これらから光速度を計算すると、式５-Ｅ・②となり、光速度は見事にc（秒速30万km）と測定されます。ドラゴンの場合の秒速10万km

で計算してみると、実験装置は静止しているときの長さより6％ほど縮んでいることになります。また、地上で静止している人に比べてドラゴンの持っている時計は6％ほど進み方が遅くなります。

このように、光速度不変の原理を当てはめると、動いている物体はその進行方向に対して縮み、かつ時計は遅く進むということになります。文字を使ったのでややこしく感じたかもしれませんが、実は光速度不変の原理を説明するために用いたのは小学校で出てくる「速さ＝距離÷時間」の公式、いわゆる「は・じ・きの法則」だけです。小学校や中学校で習う公式が相対性理論につながっていたのですね。

アインシュタインが破壊した既成概念

ここで、時間$_0$と時間$_v$の意味を考えてみましょう。時間$_0$（＝2L／c）は、v＝0の場合における、光が戻ってくるまでの所要時間を表しています。なぜならば、実験装置が静止しているときは長さが縮まないので、光の進む距離は2Lになるからです。さて、ここでクイズです。速度vとは、「誰」から見た速度のことを言っているのでしょうか？

今まではあえて突っ込まずにいたのですが、マイケルソンとモーリーの実験では、地球の公転を利用して光速度の変化を捉えようとしていたのでした。また、ドラゴンの思考実験でも、ドラゴンが飛行している場合と静止している場合で測定される光速度が異なるはずという話をしました。しかし、ドラゴンを勇者たちが飛行船で追いかける話のときに説明したように、速度とはそもそも相対的な概念です。速度について語るときは、誰から見た速度のことを言っているのかを明確にする必要があります。

マイケルソンとモーリーが何を考えていたのかを理解するためには、当時の物理学者たちの思考回路を知る必要があります。実は、相対性理論が登場する以前には、光は空間を満たしている無色透明の「エーテル」の中を伝わっているのだと考えられていました。これは、ヤングの干渉実験やマクスウェルの功績によって、光の波動説が優勢になったために主流となった考え方です。というのも、波が伝わるためには、それを伝えるための「媒質」（＝波を伝える物質）が必要だからです。例えば、海の波を伝えている媒質は海水です。音波の媒質は空気です。ということは、光が波であるならば、それを伝える媒質が必要なはずだと考えられていたのです。しかし、光は真空中でも伝わっていくことが可能なので、光の媒質は海水や空気などではないはずです。また、太陽からの光が地球に届いていることを考えると、光の媒質は宇宙空間すべてを満たしていると考えられます。そのような、宇宙全体を満たす光の媒質があるはずだと考え、それを物理学者たちは「エーテル」と呼んでいたのです。

地球は公転運動をしているので、そのエーテルの中を秒速30㎞で移動しているはずです。つまり、マイケルソンとモーリーは、エーテルに対する運動を考え、エーテルに対する地球の移動速度をvとみなしていたのです。

しかし、先ほど説明したように光は粒子でもあることが明らかになったので、エーテルの存在を仮定する必要はなくなりました。光が粒子、すなわち「ボール」のようなものだとするならば、飛んでいくのに媒質は必要ありません。宇宙飛行士が宇宙空間でキャッチボールをするとき、間になにもなくてもボールは飛んでいけるからです。つまり、エーテルなどなくても、光は「粒子」として問題なく飛んでいけるのです。

要するに、当時の物理学者たちは宇宙を満たすエーテルがあると考え、エーテルを基準として運動を考えるという思考回路を持っていたのですが、アインシュタインが光の粒子性を明らかにしたことによって、その大前提が崩れたのです。アインシュタインはそうやって既成概念を破壊し、代わりに「特殊相対性原理」という新しい基準を打ち立てました（名前が似ていてややこしいですが、ガリレイの相対性原理とは異なるので注意してください）。

特殊相対性原理とは、「(速度が変化しない状況限定で) 実験者の運動状態によって測定される物理法則 (例えば光速度) が変わったりはしない」という原理です。ただし、特殊相対性理論では速度一定という特殊な状況だけを考えているため、「特殊」相対性原理という名前になっています。ガリレイの相対性原理は、単に速度が相対的だと言っているだけですが、アインシュタインの相対性原理は、もっと大胆な主張をしています。つまり、速度だけではなく、時間や空間の解釈すら相対的で、誰から見るかによって変わるということです。

それでは、ドラゴンの飛行実験の話に戻りましょう。時間₀は、v＝0の場合における、光が戻ってくるまでの所要時間を表しているのでしたね。では、実験装置は誰に対して静止しているかというと、この場合はドラゴンです。なぜならば、ドラゴンは実験装置を抱えて飛行しているので、ドラゴンから見れば当然ながら実験装置は静止している（v＝0）ためです。いままでは、暗にエーテルのような絶対的な基準を仮定し、それに対してドラゴンが秒速10万kmで飛行しているのだと考えて議論を展開していたのでした。しかし、ここからはアインシュタインの相対性原理に従って、全てを相対的に考えます。ドラゴンから見れば実験装置は静止しているので、実験装置は長さLのままで、時間の遅れもありません。従って、光の進む距離は２Lであり、光が戻ってくるまでの所要時間は２L／c＝時間₀になります。

では、地上に座ってくつろいでいる人がドラゴンを見上げると何が見えるかを考えましょう。地上に静止している人から見ると、ドラゴンは飛行しています（v＝秒速10万㎞）。すると、先ほど説明したように、実験装置の長さは6％ほど縮んで見えるのです。そして、ドラゴンがぶら下げている懐中時計の針の進みを地上で静止している人が観察し、それを自分の手元の時計の進みと比較すると、ドラゴンの時計は自分の時計より6％ほど遅れているのが確認できます。つまり、物理学的には何ら矛盾はないのですが、ドラゴンから見た場合と地上で静止している人から見た場合で、時間や空間の見え方が異なるということです。

このように、特殊相対性理論は、「光速度不変の原理」と「特殊相対性原理」という2つの原理から生み出された理論であり、時間と空間に関する考え方に根本から見直しをせまるものでした。今まで勇者たちは、魔王に欺かれていたのです。時間と空間の真相へ迫るアインシュタインの業績によって、勇者たちは魔王の真の姿へ一歩近づいたのでした。ここまで説明してきたように、誰から見ても光速度が同じ値になるためには、時間と空間が連動して変化する必要があります。そう考えると時間と空間は別々のものではなく、ひとまとまりの実体と考えた方が自然ですね。そのため相対性理論では、時間と空間を「時空（spacetime）」というひとまとまりの概念で捉えます。よく、時空を超えた運命の出会いなどというふうに

「時空」という言葉が何やら謎めいた素敵な言葉として使われますが、もともとは相対性理論の用語だったわけです。

重力までもを説明しようとした一般相対性理論

話はまだ終わりではありません。先ほど説明したように、特殊相対性理論の「特殊」とは、速度vが一定という特殊な場合にしか当てはめられないからそう呼ばれるのでした。そのため、速度vが変化するような一般的なケースではどうなるのかも考える必要があります。そのような一般的なケースについても理論的に整理したのが「一般相対性理論」です。

特殊相対性理論を完成させたのちアインシュタインはこの一般相対性理論に着手しました。一般相対性理論は、「一般相対性原理」と「等価原理」という2つの原理に立脚しています。一般相対性原理は、「実験者の運動状態によって測定される物理法則が変わったりはしない」という原理です。特殊相対性原理と同じじゃないかと思うかもしれませんが、「速度が変化しない状況限定で」という言葉が取れていることに注意してください。一般相対性原理の方が、ずっと一般化された状況をカバーしているのです。

等価原理とは、「加速時に受ける力と重力は区別できない（等価）から別々の理論は必要ない」という原理です。この原理は、一般相対性理論で重力をも説明できるようにしてしまえる魔法の原理なので、ここで詳しく説明したいと思います。

例えば、勇者が魔王軍につかまり、目隠しをされてどこかに連れていかれ、牢屋に閉じ込められてしまったとしましょう。魔王軍の牢屋は地上にあるものと宇宙空間にあるものの2タイプがあります。勇者がどちらに連れていかれたのか、勇者自身が見分ける方法はあるでしょうか。どちらに連れていかれたのかが分かれば、脱出の戦略を立てやすくなるとします。

単純に考えると、足が浮いている（宇宙空間は無重力）か地についている（地上は重力がある）かで判断できそうですが、そこは魔王がスマートなので偽装工作をしています。図表5-10のように、宇宙空間に牢屋がある場合はその牢屋をロケットで引っ張り、ロケットの加速による「加速G（＝加速された物体が受ける力）」を生じさせることで、あたかも重力があるかのように感じさせているのです。

一点注意ですが、ここではロケットが「加速し続けている」ことが重要です。要するに、速度がどんどん増している状況を考えています。もし速度が一定であれば、どんなに凄まじい速度であってもロケットの中にいる人に加速Gはかかりません。余談ですが、ロケットの

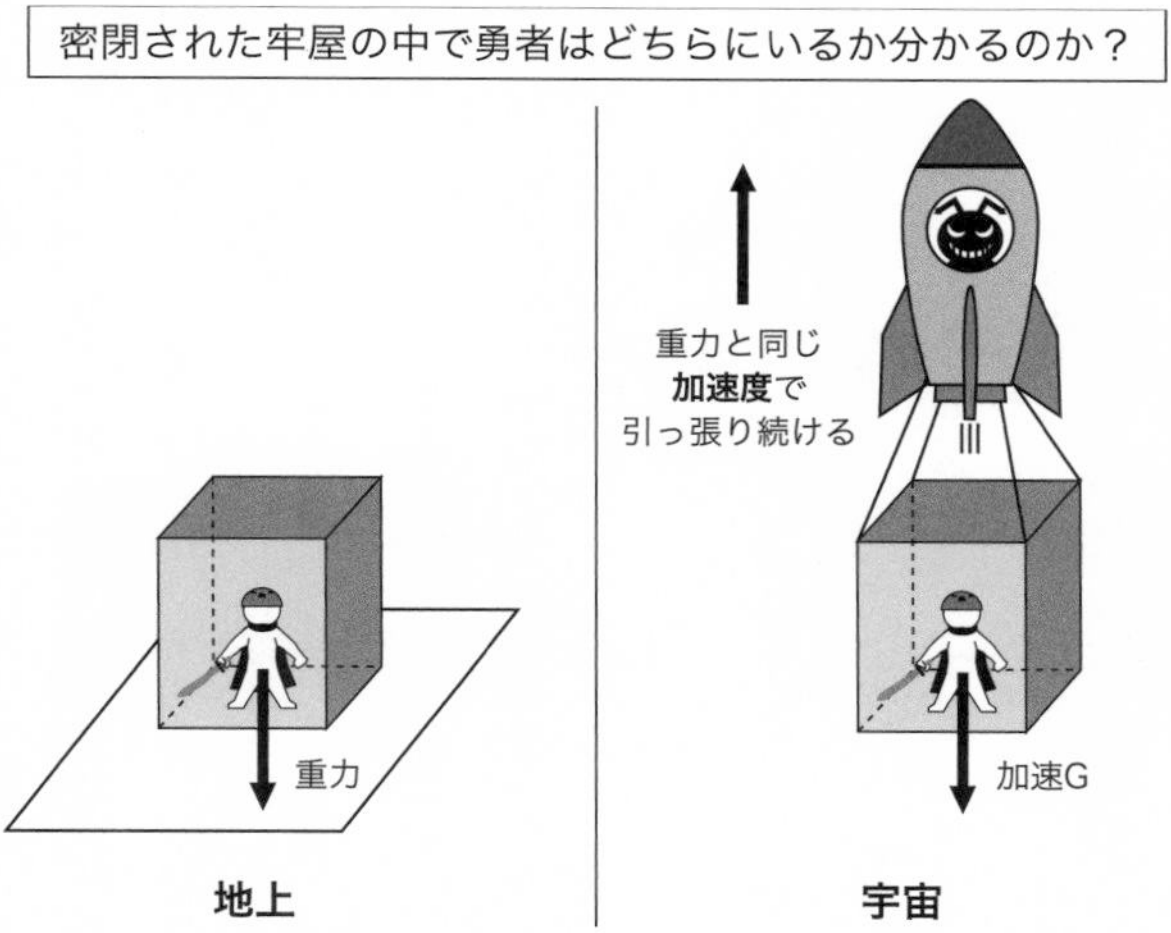
密閉された牢屋の中で勇者はどちらにいるか分かるのか？
重力と同じ
加速度で
引っ張り続ける
重力
加速G
地上
宇宙

図表５-10　等価原理とは？

設計においては、宇宙飛行士は推進時の加速Ｇに耐えられるようにするために必ずロケットの進行方向（空の方向）に体を向けて座るようになっています。

より具体的には、毎秒９・８ｍの加速をつける（つまり、最初は０だったロケットの速度が１秒後に９・８ｍ／秒、２秒後には19・６ｍ／秒……というふうに毎秒、速度が９・８ｍ／秒ずつ増していく）と、ロケットの中にいる人は地球上にいるときに感じる重力と同じだけの加速Ｇを受けます。

このような状況では、勇者が牢屋の場所を見分けることは不可能です。なぜならば、勇者から見て、自分自身の足を地につかせている力が重力なのか加速Gなのかを区別することは原理的にできないからです。このように、観測者から見てどうやっても両者を見分けることができないのであれば、それは本質的に同じものだと考えることができます。アインシュタインは、加速によって受ける力と重力は、それを受けている物体に及ぼす影響が全く同じなので、物理学的に同じ現象だと考えてよい。従って別々の理論を用意する必要はないと考えました。

この等価原理に基づけば、一般相対性理論が重力を説明する理論にもなることが分かります。というのも、特殊相対性理論を拡張することで、加速がある状況もカバーする一般相対性理論を構築すれば、それは加速により受ける力と物理的に等価である重力についてもカバーしていることになるからです。重力（万有引力と厳密には異なる意味の言葉ですが、ここでは同一視します）についてはニュートンが理論化したじゃないか（第3章参照）と思われるかもしれませんが、ニュートンは時間や空間が伸び縮みするなどとは夢にも思っていなかったので、彼の万有引力理論は重力の秘密に迫り切れていなかったのです。アインシュタインの一般相対性理論は、ニュートンの万有引力理論よりもはるかに詳細に重力の働き方を説明することができます。例えば、後ほど説明するように、重力のある環境下では時間の進みが遅くなることが一般相対性理論から分かります。ニュートンの万有引力理論では、そういった重力と時空の関係性については全く分かっていなかったのです。

このように一般相対性理論は特殊相対性理論がカバーできていなかった「速度が変化する場合」と「重力」をもカバーする非常に汎用性の高い理論なのです。

重力と時間の不思議な関係

アインシュタインは「一般相対性原理」と「等価原理」をもとに、特殊相対性理論の成果を拡張することで一般相対性理論を生み出しました。まず一般相対性原理ですが、前述の通り特殊相対性原理と比べて「速度が変化しない場合限定で」という但し書きが外れていますね。この但し書きを外すために、アインシュタインは非常に短い時間だけを切り出して考えるという戦略をとりました。

速度が変化する場合でも、ほんの短い瞬間を考えれば速度は一定とみなせます。例えば車の運転を考えると、車は高速道路を走ることもあれば信号でとまったり横断歩道で徐行したりするので、常に速度が変化しています。しかし、ほんの一瞬、例えば０・１秒間だけを切り取ってみれば、その短い時間については速度一定とみなしても問題ないでしょう。たった

0・1秒の間にブレーキを踏んだり加速したりを繰り返せるほど俊敏なドライバーは存在しないからです。つまり、速度が変化するケースでも、ほんの短い瞬間を切り取って考えれば速度が一定とみなせるのです。速度が一定の場合であれば、特殊相対性理論が使えます。つまり、速度が変化する場合でも、短い時間だけを切り取ることで特殊相対性理論を当てはめられるようになるということです。

次に等価原理ですが、特殊相対性理論では重力のある状況はカバーできません（落下する物体は速度がどんどん増していくため、速度一定の状況ではなくなるから）。しかし、等価原理によれば、重力は加速によって生じる力と本質的に同じものであり、観測者が工夫すれば重力のない実験環境をいつでも作り出せます。例えば、自由落下するエレベーターのなかで実験や観測を行えば良いわけです。

このとき、エレベーターの中の人は重力がそもそも存在していないとみなして物理を考えてかまいません。なぜならば、等価原理によれば加速により受ける力と重力は等価なわけですから、エレベーターの中にいる人が力を全く受けていない（浮いている）のであれば、それは重力がないこととイコールだからです。等価原理を知らない人が見ると、この状況を「エレベーターは重力を受けて自由落下しているのだから重力はあるだろう」と解釈するでしょうが、それだと特殊相対性理論を適用できないことになってしまいます。アインシュタインは、このような〝神の（第3者的な）視点〟は偽りであり、観測者が見聞きできるものだけで物理学を論じるべきだと考えます。この場合、エレベーターの中にいる観測者は加速度も重力も認識しないので、それらは存在しないとみなしてよく、従って特殊相対性理論が使えるのだと考えます。

ただし、エレベーターがあまりに大きい場合は話が別です。例えば映画『インデペンデンス・デイ』に出てきた侵略宇宙人のマザーシップ（月の4分の1のサイズ）のように巨大なエレベーターだと、エレベーターの場所によって地球からの重力のかかり方が変わってきます。通常のエレベーターのサイズだと、地表はどこまでも続く平面で、そこから一様に重力を受けている（つまりエレベーターのどこにいても感じる重力は全く同じ）と近似的にみなすことができます。一方、エレベーターが巨大すぎると、地球が本当は丸い形をしているため力のかかり方が一様ではないという効果が目立ってきます。このような場合、場所によって重力の差が生じるためにエレベーター自体をゆがませるような力が生じます。このようなアンバランスによってエレベーターが受ける力のことを潮汐力《ちょうせきりょく》と呼びます。

なぜこの力を潮汐力と呼ぶかというと、海における潮の満ち干がまさにこの力によって生じているからです。潮の満ち干は主に月の引力（重力）によって生じているのですが、月から見て地球は十分大きいので、月の引力が地表に及ぼす影響は場所によって違います。地球の自転の影響によって潮汐力のバランスが時間帯によって変わっていくために海の高さが上下し、その結果として潮の満ち干が生じているのです。

逆に言えば、重力によって生じる潮汐力が無視できるほど狭い領域（普通サイズのエレベーター内や、より理想的には可能な限り小さい領域）に限定して考えるのであれば、重力の影響を打ち消す状況で実験や観測が行えるということです。

以上から、速度が変化する場合や重力を受けている場合でも、非常に短時間かつ小さな領域だけを見れば特殊相対性理論が成り立っていると考えることができます。専門用語では、特殊相対性理論が成り立つと言えるほど短時間かつ小さな領域のことを「局所ローレンツ系」と呼び、局所ローレンツ系で特殊相対性理論が成り立つと考えます。そこを出発点として、より長い時間や広い領域において何が言えるのかを理論化したのが一般相対性理論です。

その考え方の一端を垣間見てみましょう。速度vが変化するケースとして、物が落下する状況を考えます。落下中は重力の影響で加速していくため、特殊相対性理論をそのまま当てはめることはできません。そのような場合の考え方を整理するために、図表5－11のように

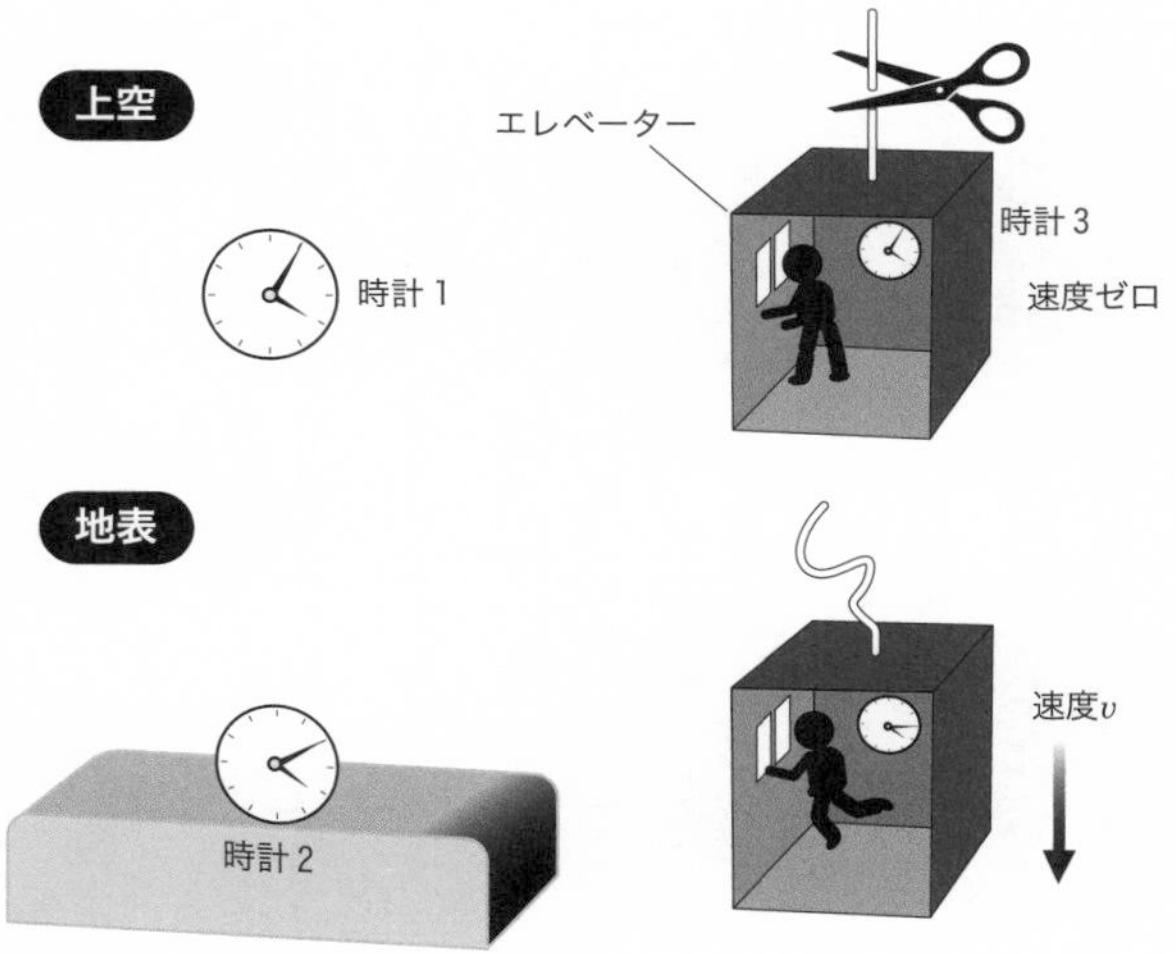

図表5-11　3つの時計はすべて同じ時間を指すか？

エレベーターを上空から落下させる思考実験を考えてみましょう。
　重力がある状況において、上空の時計1と地上の時計2で進み方に差があるかどうかについて考察します。そのために自由落下するエレベーターを考えてみます。エレベーターには時計3が備え付けられています。また、中には人が乗っていて、目の高さに窓が1カ所あり、そこから外の時計を確認できるとします。時計1と同じ高さにあるエレベーターのケーブルを切断して自由落下を開始します。ケーブルを切断した瞬間のエレベーターの速度は0です。つまり、この瞬間だけを考えると特殊相対性理論を適用することができる（「速度一定」は速度0の場合を含むため）わけですが、時計1から見てエレベーターは静止している状態なので、時計1と時計3の進み方は同じになります。

自由落下しているエレベーターの中は無重力状態になっています。エレベーターの中にいる人はふわふわ浮いているわけです。つまり、エレベーターの中の人にとっては重力が存在しない（＝加速の原因が存在しない）ことになるので、特殊相対性理論が成り立ちます。その上で、エレベーターの中の人にとって時計3は静止している（エレベーターに固定されているため）ので、エレベーターの中の人から見ると時計3のテンポは不変です。

次に、エレベーターが地表へ到達した瞬間を考えましょう。重力によって加速した結果、地表では速度vになっているとします。エレベーターの中の人が窓から地表の時計2を見ると、それは速度vで上へ跳ね上がっていくように見えるでしょう。このとき、先ほど説明したように動く物体の時間の進みは遅くなるので、エレベーターの中にいる人から見ると時計3に比べて時計2の進みは遅くなっています。

ここで、上空にある時計1は時計3と進みが同じだったことを思い出してください。そうすると、時計1の進みをΔt_1とすれば$\Delta t_1 = \Delta t_3$となるので、結果として時計1と時計2の時間の進み具合の関係は式5 - Fのようになります。つまり、地上の時計2は上空の時計1より進みが遅いということになります。

以上の思考実験から、重力のある環境では、重力の大きいところほど時間の進みが遅いということが分かりました。これは、重力（=加速度の原因）が存在している状況を考えているので、速度が一定であることを大前提とする特殊相対性理論ではカバーできていない範囲の話です。しかし一般相対性理論では、ほんの短い瞬間かつ狭い領域（エレベーターの中など）を考えるという方法を出発点として理論を拡張させることによって、このようなケースでも何が起きるのかを理論的に導き出すことができるわけです。

$$\Delta t_2 = \Delta t_1 \times \sqrt{1-\left(\frac{v}{c}\right)^2} < \Delta t_1$$

式5 - F

この思考実験では、特殊相対性理論だけで話を完結させるために、エレベーターの中の人は上空と地上の時計を一瞬だけ見られることを前提としました。例えば、エレベーターが透明で落下中に上空の時計1を見続けた場合に何が見えるのかを知るには、一般相対性理論の計算が必要になります。しかし、その結論は先ほどの特殊相対性理論のみでの考察と変わりません（エレベーターが透明か不透明かで結論が変わったら変ですね）。

物理史における一般相対性理論の最も重要な貢献は、このように重力についての理解を大きく深めた点です。重力と時間の流れが関係しているなんて、それまで人類の誰一人として考えもしなかったのです。

現代では、GPSにおいてこの一般相対性理論の成果が使われています。というのも、GPS衛星は上空約2万kmの高度にあるため重力の影響が地上より小さく、地上の時計に比べてGPSの時計が速く進んでしまうからです。相対性理論の効果によって生じる差は1日あたり40マイクロ秒程度（1マイクロ秒は100万分の1秒）ですが、このズレはGPSの位置情報に約1kmもの誤差を生じさせてしまうため、相対性理論の計算を用いた補正が行われているのです。

以上、20世紀における物理学の発展について見ていきました。波動と粒子の二重性や時空の概念など、それまで想像もしなかったような革新的な概念が登場したために世間の知的好奇心を大いに刺激し、物理学が文化や人々の世界観にまで大きな影響を与えた時代です。量子力学や相対性理論は今でも多くの人を魅了し続けていますが、その魅力の一端を本章で感じていただけることができたのであれば望外の幸いです。

【物理学の現在のステータス】

レ　ベ　ル：50　**UP!**

と　く　ぎ：論理的思考

実証

そ　う　び：地動説

ニュートン力学

万有引力

３つのお宝（光速度、光の正体、物質の正体）

量子力学　**New!**

相対性理論　**New!**

エピローグ

最終章で紹介した相対性理論と量子力学は、勇者の武器でいうとエクスカリバーやグングニルのような伝説級の最強武具です。しかし魔王はそれ以上に手ごわく、勇者の旅はまだ終わっていません。

現代の物理学は、量子力学と相対性理論を二大柱として発展していますが、残念ながら万物の理論の正体はまだつかめていません。本書で説明したのは、まだ最終ステージの魔王城に踏み込む前の段階まででした。ここからいよいよ最終ステージなのですが、それは未だ進行形で「歴史」にはなっていません。現代の物理学者たちは、今まさに魔王城に踏み込んで死闘を繰り広げているところなのです。魔王は魔王城のどこかに隠れているはずなのですが、その正体は誰も見たことがありません。

一説によると、その隠れ家はブラックホールの中であるとされています。ブラックホールの中は重力が無限大の極限状態であり、ブラックホールに吸い込まれた物体がどうなるのかを正確に計算することは相対性理論でも量子力学でも不可能です。つまり、ブラックホールの中で何が起きているかを正確に理解する（＝計算する）ためには相対性理論と量子力学を超える新理論が必要であり、それこそが万物の理論であると考えられています。今のところ、魔王の正体は紐だと考える「超ひも理論」が万物の理論の有力候補だとされていますが、他にも万物の理論の候補はありますし、真の万物の理論はそのいずれでもない可能性もあります。魔王は明日にでも見つかって倒されてしまうかもしれないし、あと１００年以上かかるのかもしれません。いずれにせよ、勇者たちの戦いを人類全体で応援していきたいものです。

最後になりますが、本書は色々な方に支えられて誕生しました。河合健太郎さん（光文社新書）は、原稿を読み込んだ上での懇切丁寧なアドバイスを多くくださいました。遠山怜さん（アップルシード・エージェンシー）には、光文社との連携をサポートいただいたことに加えて原稿への貴重なアドバイスをいただきました。本書を執筆する時間を与えてくれた妻と子供たちにも感謝しています。何よりも、本書をここまで読んでくださった読者の皆様、本当にありがとうございました。

参考文献

アイザック・ニュートン『プリンシピア　自然哲学の数学的原理　第Ⅰ編　物体の運動』中野猿人訳　講談社（2019）
アイザック・ニュートン『プリンシピア　自然哲学の数学的原理　第Ⅱ編　抵抗を及ぼす媒質内での物体の運動』中野猿人訳　講談社（2019）
アイザック・ニュートン『プリンシピア　自然哲学の数学的原理　第Ⅲ編　世界体系』中野猿人訳　講談社（2019）
青木靖三『ガリレオ・ガリレイ』岩波書店（1965）
安孫子誠也、岡本拓司、小林昭三、田中一郎、夏目賢一、和田純夫『はじめて読む物理学の歴史』ベレ出版（2007）
猪木慶治、川合光『量子力学Ⅰ』講談社（1994）
猪木慶治、川合光『量子力学Ⅱ』講談社（1994）
伊東俊太郎『近代科学の源流』中央公論新社（2007）
ニコラウス・コペルニクス『完訳　天球回転論』高橋憲一訳　みすず書房（2017）
小山慶太『物理学史』裳華房（2008）
砂川重信『相対性理論の考え方』岩波書店（1993）
砂川重信『理論電磁気学（第3版）』紀伊國屋書店（1999）
高林武彦『熱学史（第2版）』海鳴社（1999）
田村松平（責任編集）『世界の名著9　ギリシアの科学』中央公論社（1980）
ディオゲネス・ラエルティオス『ギリシア哲学者列伝（上）』加来彰俊訳　岩波書店（1984）

ディオゲネス・ラエルティオス『ギリシア哲学者列伝（中）』加来彰俊訳　岩波書店（１９８９）
ディオゲネス・ラエルティオス『ギリシア哲学者列伝（下）』加来彰俊訳　岩波書店（１９９４）
山本義隆『磁力と重力の発見（１）古代・中世』みすず書房（２００３）
山本義隆『磁力と重力の発見（２）ルネサンス』みすず書房（２００３）
山本義隆『磁力と重力の発見（３）近代の始まり』みすず書房（２００３）
米沢富美子『人物で語る物理入門（上）』岩波書店（２００５）
米沢富美子『人物で語る物理入門（下）』岩波書店（２００６）
A. A. Michelson and E. W. Morley. "On the Relative Motion of the Earth and the Luminiferous Ether" The American Journal of Science（1887）
Palmieri P. "Galileo and the discovery of the phases of Venus" Journal for the History of Astronomy（2001）

冨島佑允（とみしまゆうすけ）
1982年福岡県生まれ。京都大学理学部卒業、東京大学大学院理学系研究科修了（素粒子物理学専攻）。MBA in Finance（一橋大学大学院）、CFA協会認定証券アナリスト。大学院時代は欧州原子核研究機構（CERN）で研究員として世界最大の素粒子実験プロジェクトに参加。修了後はメガバンクでクオンツ（金融に関する数理分析の専門職）として各種デリバティブや日本国債・日本株の運用を担当、ニューヨークのヘッジファンドを経て、2016年より保険会社の運用部門に勤務。著書に『数学独習法』（講談社現代新書）、『日常にひそむ うつくしい数学』（朝日新聞出版）などがある。

物理学《ぶつりがく》の野望《やぼう》　「万物《ばんぶつ》の理論《りろん》」を探《さが》し求《もと》めて

2022年4月30日初版1刷発行

著　者 —— 冨島佑允
発行者 —— 田邉浩司
装　幀 —— アラン・チャン
印刷所 —— 堀内印刷
製本所 —— 国宝社
発行所 —— 株式会社光文社
東京都文京区音羽1-16-6（〒112-8011）
https://www.kobunsha.com/
電　話 —— 編集部03（5395）8289　書籍販売部03（5395）8116
業務部03（5395）8125
メール —— sinsyo@kobunsha.com

ISBN 978-4-334-04602-6

光文社新書

1163
「問い」から始まる哲学入門
景山洋平

2600年にわたる哲学者の語りあい。そこでは何が問われたのか。なぜ「問い」続けてきたのか――。「問い」の歴史とその意味を知る、不確かな世界を生き抜くための哲学入門。

978-4-334-04570-8

1164
物理学者、SF映画にハマる
「時間」と「宇宙」を巡る考察
高水裕一

フィクションが未来の科学を導く!? タイムトラベルから星間飛行まで、物理学者とともに探る一度は夢見たSF世界の可能性。科学の目で見直せば、SF映画はもっと楽しくなる!

978-4-334-04571-5

1165
くじ引き民主主義
政治にイノヴェーションを起こす
吉田徹

民主主義＝選挙ではない。選挙によらない民主主義の形態を歴史的に振り返りつつ、政治参加のための「くじ引き」の可能性を示す。傷ついた民主主義をアップデートする希望の書。

978-4-334-04572-2

1166
なぜ中学受験するのか？
おおたとしまさ

やり方次第で「良薬」にも「毒」にもなるのが中学受験。気鋭の教育ジャーナリストが膨大な取材経験と古今東西の文献から導き出した、中学受験の是非論へのファイナルアンサー。

978-4-334-04573-9

1167
毛
生命と進化の立役者
稲葉一男

えっ!? 脳の中の毛？ ウイルスから守る毛？ CO_2で止まる毛？「細胞の毛」研究三〇年のスペシャリストが、生き物や自然、そして私たちの命を支える驚くべきミクロの世界を綴る。

978-4-334-04574-6

1168
肥満・糖尿病の人はなぜ新型コロナに弱いのか
「糖質過剰」症候群Ⅱ

清水泰行

新型コロナのパンデミックや病状悪化の要因となると考えられる糖質の過剰摂取。本書では糖質過剰が新型コロナだけでなく数多《あまた》の疾患の原因となる理由を、最新研究を交え伝える。

978-4-334-04575-3

1169
人生を変えた韓国ドラマ 2016〜2021

藤脇邦夫

「愛の不時着」「梨泰院《イテウォン》クラス」「賢い医師生活」「イカゲーム」など世界を席巻するKコンテンツの一つとなった韓国ドラマ。その深い魅力を傑作80選とともに徹底解説！

978-4-334-04576-0

1170
不登校・ひきこもり急増
コロナショックの支援の現場から

杉浦孝宣＋NPO法人高卒支援会

コロナ禍で不登校・ひきこもりの子どもたちは増えただけでなく、可視化されづらくなった。リアルとオンラインを駆使することで前よりもパワーアップした支援現場の知見を学ぶ。

978-4-334-04577-7

1171
保健所の「コロナ戦記」TOKYO2020-2021

関なおみ

'20〜'21年にかけ、保健所と都庁の感染症対策部門の課長としてコロナ対策の第一線で指揮を執り続けた公衆衛生医師の記録。国立国際医療研究センター・大曲貴夫氏との対談も収録。

978-4-334-04578-4

1172
火星の歩き方

臼井寛裕
野口里奈
庄司大悟

気球でまわる火星一周の旅から、標高2万m超のオリンポス登山、自然の造形美あふれる極地ツアーまで。3人の研究者による、火星の魅力がとことん詰まったガイドブックの決定版！

978-4-334-04580-7

1173
JJとその時代
女のコは雑誌に何を夢見たのか
鈴木涼美

JJに象徴される雑誌は、なぜ多くの女性の心をとらえたのか。単なるファッション情報だけではない、女性が託したもの、夢見たものとは何か。雑誌の時代への限りない愛着をこめた挽歌。

978-4-334-04583-8

1174
〈問い〉から始めるアート思考
吉井仁実

「問い」は「答え」より大きな力を持つ。生きることは「問い」の模索である――。「目に見えないものを見る」には？　アートディレクターと考える、アイデア&イノベーションの育み方。

978-4-334-04581-4

1175
オリックスはなぜ優勝できたのか
苦闘と変革の25年
喜瀬雅則

下馬評を大きく覆し、2年連続最下位からのペナント制覇は、いかに成し遂げられたのか？　逆に、なぜかくも長き暗黒時代が続いたのか？　元番記者が豊富な取材で綴る。

978-4-334-04582-1

1176
ヘーゲル哲学に学ぶ考え抜く力
川瀬和也

哲学の基本スキルである「考え抜く力」は、同時に人生一〇〇年時代の「社会人基礎力」でもある。十九世紀ドイツのヘーゲル哲学が、二十一世紀のビジネスに〝効く〟理由とは？

978-4-334-04585-2

1177
田舎はいやらしい
地域活性化は本当に必要か？
花房尚作

「地域活性化は正しい」――これは都会に住む者の勝手な思い込みでは？　過疎地域在住12年の著者が、現地での調査やインタビューをもとに過疎地域の〝本音と建前〟を鋭く描き出す。

978-4-334-04588-3

1178
ルポ 座間9人殺害事件
被害者はなぜ引き寄せられたのか
渋井哲也

判決から1年――。わずか2カ月で9人が犠牲になった「座間9人殺害事件」はなぜ起きたのか。若者の生きづらさを長年取材してきた著者が、被害者の心情にも迫りながら再検証する。
978-4-334-04586-9

1179
メタバースとは何か
ネット上の「もう一つの世界」
岡嶋裕史

フェイスブックはなぜ「メタ（Meta）」に社名変更したのか？ ITのわかりやすい解説に定評のある著者が、話題の「メタバース」の基礎から未来の可能性までを語る。

978-4-334-04584-5

1180
「非会社員」の知られざる稼ぎ方
村田らむ

これまでにないジャンルに根を張って、長年自営で生活している人がいる。自分で敷いたレールの上にあるマネタイズ方法を、特殊分野で自営を続けるライター・村田らむが紡ぐ。

978-4-334-04587-6

1181
「廃炉」という幻想
福島第一原発、本当の物語
吉野実

増え続ける処理水、不可能に近いデブリ取り出し、行く先のない事故炉の廃棄物…なぜ国や東電は廃炉「できる」との幻想を広め続けるのか。長年の取材から「誰も触れない真実」に迫る。

978-4-334-04589-0

1182
サッカー店長の戦術入門
「ポジショナル」VS.「ストーミング」の未来
龍岡歩

ペップ、クロップ、ナーゲルスマン……。日々進化を続ける現代サッカーの行きつく先を、名将たちの知恵比べから読みとく。サッカー未経験、異色の戦術分析官による初の著書。

978-4-334-04590-6

1183
感染症としての文学と哲学
福嶋亮大

文学者や哲学者がいかに感染症＝病のイメージを自らの思考に取り入れてきたか。病とは人にとって何なのか。病気とともに生きてきた人間の一側面を鮮やかに切り取る病の文化史。

978-4-334-04591-3

1184
学校では学力が伸びない本当の理由
林純次

教育界のブラック化、教員の低レベル化、毒親の変異化、児童・生徒の二極化、カリキュラムのカオス化——8万部『残念な教員』著者による危機の教育論。より良い教育の実現のために。

978-4-334-04592-0

1185
歴史検証 なぜ日本の野党はダメなのか？
「自民党一強」を支える構造
倉山満

自民党の〝政権独占〟は「無能な野党」に支えられている——。民主政治の本来の姿とは何か。私たち有権者ができることは何か。政治を諦めないために憲政史家が歴史を遡って検証する。

978-4-334-04593-7

1186
鎌倉幕府と室町幕府
最新研究でわかった実像
山田徹　谷口雄太
木下竜馬　川口成人

従来の中世史の常識を覆す研究が次々と発表される昨今、新進気鋭の研究者四名が、最新の学説をまとめて二つの幕府の実像を明らかにする。すべての歴史愛好家注目の一冊。

978-4-334-04594-4

1187
中国が世界を牛耳る100の分野
日本はどう対応すべきか
高橋五郎

深まる米中対立。しかし、「一帯一路」をはじめ中国の現状を見れば、どちらが勝者かは一目瞭然だ。なぜここまで国力を伸ばせたのか。その源泉を中国研究40年の著者が明らかにする。

978-4-334-04595-1

1188
弱くても稼げます
シン・サッカークラブ経営論
小山淳　入山章栄
松田修一　阿久津聡

真に地域に密着し、安定と成長を実現する方程式はあるのか。サッカークラブを起ち上げ5年でJリーグ入りさせた起業家が、第一線の経営学者たちと語るスポーツ産業の未来地図。

978-4-334-04596-8

1189
「現代写真」の系譜
写真家たちの肉声から辿る
圓井義典

私たちはさまざまなジャンルの写真に囲まれて暮らしている。本書では「現代写真」に着目し、日本を代表する写真家たちが何を模索し、何を語ってきたのかを辿ることで流れを一望する。

978-4-334-04597-5

1190
ネットで故人の声を聴け
死にゆく人々の本音
古田雄介

故人が生前残したブログやHP、SNSからは死に際しての隠せぬ本音が見え隠れする。故人がインターネットに残した足跡とどう向き合うべきか？　15の事例から迫っていく。

978-4-334-04598-2

1191
女性自衛官
キャリア、自分らしさと任務遂行
上野友子
武石恵美子

「命を懸けてでもこの国を守る」と誓う傍ら、母親として家族も守る自衛官たちが見出した、究極のワークライフバランスとは？　女性自衛官の生の声にみる新・女性キャリア論。

978-4-334-04599-9

1192
映画を早送りで観る人たち
ファスト映画・ネタバレ——コンテンツ消費の現在形
稲田豊史

映画を早送りする視聴スタイルの背景には、現在の巨大な消費社会の存在があった。人々がそうせざるを得ない切実さに向き合い、コンテンツ受容の変化を徹底的に取材した意欲作。

978-4-334-04600-2

光文社新書

1193
写真はわからない
撮る・読む・伝える――「体験的」写真論
小林紀晴
「撮る者」は日々どんなことを考え、どう行動して写真を生み出しているのか。「誰もが撮影者」である時代に考えたい「いい写真」とは？　初心者からプロまでに贈る、著者初の写真論！
978-4-334-04601-9

1194
物理学の野望
「万物の理論」を探し求めて
冨島佑允
物理学は何を積み重ねてきたのか。その目的は何か。難しい公式や計算は一旦隅に置いといて、まずはその歴史を知ろう。読めば途端に物理学が面白くなる、２５００年の物理学史！
978-4-334-04602-6

1195
沖縄50年の憂鬱
新検証・対米返還交渉
河原仁志
二〇二二年五月は沖縄が日本に返還されて五十年。当時の交渉は、日本にとって帳尻の合うものだったのか――。ジャーナリストが新史料を交えて考察する、「いびつな日本」の原点。
978-4-334-04603-3

1196
一軍監督の仕事
育った彼らを勝たせたい
髙津臣吾
勝ち続けるための「スワローズ・ウェイ」、「育てながら勝つ」チームマネジメント、「絶対大丈夫」に代表される言葉力――2年連続最下位からのペナント制覇と日本一達成の裏側を記す。
978-4-334-04604-0

1197
日本の生命科学はなぜ周回遅れとなったのか
国際的筋肉学者の回想と遺言
杉晴夫
他人の成功を妬む国民性、教授の利己性と後継者の矮小化、教授の言いなりの政府の見識欠如、記者や編集者の著しい劣化…筋収縮研究の最前線での60年の経験から綴る課題と提言。
978-4-334-04605-7